燃焼工学入門

― 省エネルギーと環境保全のための ―

水谷幸夫 著

森北出版株式会社

●本書のサポート情報を当社Webサイトに掲載する場合があります．
下記のURLにアクセスし，サポートの案内をご覧ください．

https://www.morikita.co.jp/support/

●本書の内容に関するご質問は，森北出版 出版部「(書名を明記)」係宛
に書面にて，もしくは下記のe-mailアドレスまでお願いします．なお，
電話でのご質問には応じかねますので，あらかじめご了承ください．

editor@morikita.co.jp

●本書により得られた情報の使用から生じるいかなる損害についても，
当社および本書の著者は責任を負わないものとします．

■本書に記載している製品名，商標および登録商標は，各権利者に帰属
します．

■本書を無断で複写複製（電子化を含む）することは，著作権法上での
例外を除き，禁じられています．複写される場合は，そのつど事前に
(一社)出版者著作権管理機構（電話03-5244-5088, FAX03-5244-5089,
e-mail：info@jcopy.or.jp）の許諾を得てください．また本書を代行業者
等の第三者に依頼してスキャンやデジタル化することは，たとえ個人や
家庭内での利用であっても一切認められておりません．

序

　刻々と近付いてくるエネルギー需給の逼迫，地球環境の加速的な変化，ごみの無公害処理とエネルギーとしての利用の要求，水素を介した再生可能（自然）エネルギーの利用技術，単なるお題目ではない本格的な省エネルギー技術など，燃焼技術が果たすべき役割は広がる一方である．ところが，ゆとりの教育の普及と技術者に要求される知識範囲の拡大によって，年々，燃焼工学の講義が大学のカリキュラムから姿を消して行っている．その一方で，エネルギー問題や環境問題に対処できる学生を育てるための，1セメスターで講義できる程度のボリュームで，かつバランスのとれた入門テキストがほとんど出版されていない．これは資源・エネルギー多消費型の市場原理優先工業社会を作り上げ，それから脱出できない人類にとって，由々しい事態と言わざるを得ない．

　そこで，1セメスターで講義することができ，熱力学，燃焼科学の基礎，燃焼の実務やエネルギー管理技術がバランスよく盛り込まれた，やさしいテキストを執筆することを計画した．目標とした本書の使用対象や読者対象は，①機械系・化学系・エネルギー系学科の講義テキスト，②エネルギー管理士を目指す若手技術者，③仕事を進める上で燃焼の基礎知識を必要とする若手技術者，④卒業研究や大学院での研究に燃焼の基礎知識を必要とする若手研究者などである．さらに深い知識が必要になれば，やや程度の高い専門書，例えば「水谷幸夫著，燃焼工学・第3版 (2002)，森北出版」や，「新岡嵩・ほか（編著），燃焼現象の基礎 (2001)，オーム社」などに進まれればよい．

　執筆に当たっては，①分かり易さを最優先する，②内容を厳選し，記述を簡潔にする，③例題や章末問題で理解を深める，④脚注や燃焼工学・第3版との関連付けにより，本文の分かり易さを維持しながら，やや高度な内容も盛り込む，という方針をとった．写真を豊富に取り入れることにより，読者の理解や親密度を増すことも考えたが，インターネットで火炎の美しいカラー画像が提供されているので，不鮮明なモノクロ写真を掲載するよりは，そちらを参照していただくことにした（例えば，http://combustionsociety.jp/csj-j/index.html など．また，http://www.yahoo.co.jp/ で "火炎　写真" をキーワ

ードに検索を掛けると6800件以上のページリストが表示される)．
　本書が燃焼・エネルギー・地球環境に関する教育の活性化に幾分でもお役に立てば，著者にとって望外の喜びである．

　2002年10月

水　谷　幸　夫

目　　次

第1章　燃焼に関する基礎事項
1.1　燃焼とその目的 …………………………………………………1
1.2　燃料の種類，性質，ならびに資源量 …………………………2
1.3　燃焼の化学的側面 ………………………………………………12
1.4　燃焼の流体力学的側面 …………………………………………17
1.5　燃焼の熱力学的・伝熱学的側面 ………………………………19
　　演習問題 ……………………………………………………………20
　　引用文献 ……………………………………………………………20
　　参　考　書 …………………………………………………………20

第2章　省エネルギーと熱管理のための燃焼計算
2.1　燃焼に必要な酸素量と空気量―混合比の表し方 …………21
2.2　燃焼ガスの発生量と組成の計算 ………………………………26
2.3　燃焼管理のための空気比の計算 ………………………………31
2.4　燃料の発熱量と燃焼温度の計算 ………………………………33
2.5　熱解離と再結合―燃焼温度への影響 ………………………39
2.6　燃焼効率の計算 …………………………………………………42
2.7　熱勘定と熱効率の計算 …………………………………………43
　　演習問題 ……………………………………………………………47
　　引用文献 ……………………………………………………………48
　　参　考　書 …………………………………………………………49

第3章　省エネルギー燃焼の基本
3.1　燃焼機器におけるエネルギー損失の原因 ……………………50
3.2　低空気比燃焼 ……………………………………………………51
3.3　熱のカスケード利用 ……………………………………………53
3.4　燃焼室と煙道（排気路）の熱的遮断 …………………………53

 3.5 その他の省エネルギー燃焼技術 ·················58
  演習問題 ·······················58
  引用文献 ·······················59
  参　考　書 ·······················59

第 4 章　気体燃料の燃焼

 4.1 燃焼方式の分類 ·····················60
 4.2 予混合燃焼 ·······················61
 4.3 拡散燃焼（非予混合燃焼） ·················68
 4.4 部分予混合燃焼 ·····················72
 4.5 爆発とデトネーション―事故との関連 ···········72
  演習問題 ·······················74
  引用文献 ·······················75
  参　考　書 ·······················75

第 5 章　液体燃料の燃焼

 5.1 燃焼方式の分類 ·····················77
 5.2 微粒化―噴霧火炎の形状・特性との関連 ··········81
 5.3 油滴の蒸発と燃焼 ····················92
 5.4 噴霧の蒸発と燃焼 ····················94
  演習問題 ·······················101
  引用文献 ·······················101
  参　考　書 ·······················102

第 6 章　固体燃料の燃焼

 6.1 固体燃焼の基礎 ·····················103
 6.2 火格子燃焼 ·······················108
 6.3 微粉炭燃焼 ·······················110
 6.4 流動層燃焼 ·······················111
 6.5 燃料改質燃焼 ·····················112
  演習問題 ·······················114
  引用文献 ·······················114

　　　　参　考　書 …………………………………………………114

第7章　燃焼機器の機能要素
　7.1　点火と着火 ……………………………………………115
　7.2　火炎の安定化（保炎） ………………………………120
　7.3　火炎の検知 ……………………………………………128
　　　演習問題 ……………………………………………………129
　　　引用文献 ……………………………………………………129
　　　参　考　書 …………………………………………………129

第8章　環境汚染の原因と環境保全
　8.1　大気汚染原因物質の種類とその影響 ………………131
　8.2　一酸化炭素と未燃炭化水素 …………………………132
　8.3　すすと粒子状物質 ……………………………………134
　8.4　窒素酸化物 ……………………………………………136
　8.5　硫黄酸化物 ……………………………………………140
　8.6　酸性雨の原因 …………………………………………141
　8.7　ダイオキシンとPCB …………………………………142
　　　演習問題 ……………………………………………………144
　　　引用文献 ……………………………………………………144
　　　参　考　書 …………………………………………………144

付録A　主要な物理定数と単位 …………………………………145
付録B　演習問題の解答 …………………………………………149
索　　引 ……………………………………………………………155

第1章　燃焼に関する基礎事項

1.1　燃焼とその目的

　酸素と反応して高温の生成物に変わる物質を**燃料**と呼び，空気中の酸素もしくは純酸素によって燃料が酸化され，自己継続的に高温の生成物に変わり続ける現象またはプロセスを**燃焼**，燃焼の生じている場を**火炎**と呼ぶ．これを生成物と熱エネルギーが別々に発生し，熱によって低温の生成物が高温まで加熱されると見なすならば，**燃焼**を燃料の化学的エネルギーが熱エネルギーに変換される現象と定義することもできる．さらに定義を拡大して，酸素による酸化以外でも，それ自身が変化することによって多量の熱エネルギーを発生する物質を燃料と呼ぶこともある（核燃料など）．

　燃料の大部分を占める生物起源の**化石燃料**（石炭，石油と多くの天然ガス）と**バイオマス**（生物資源）は，それが生存した時点の太陽光エネルギーを光合成により化学的エネルギーに変換したもので，燃焼は光合成のプロセスを逆転して，もとの太陽光エネルギーを熱エネルギーとして取り出す操作にほかならない．その際，光合成の原料となった二酸化炭素と水蒸気，およびその不完全燃焼成分，硫黄，窒素，無機元素を含む有害物質が発生するので，地球温暖化や環境汚染が発生する．

　燃焼の目的は燃料の化学的エネルギーを熱エネルギーに変換して，それをそのまま物の加熱に利用するか，さらに一連のエネルギー変換過程を経て機械的エネルギーや電気エネルギーを作り出すことである．そのほかに，かつては照明にも利用されたし，最近では爆薬のデトネーションで発生する超高温・高圧を材料合成（チタン-アルミ系合金製造）に利用する試みなども行われている．

　バイオマスを除いては燃料の資源量に限りがあることと，消費する燃料の何倍もの二酸化炭素が環境に放出され，地球温暖化を引き起こすことから，われわれは省エネルギーに励む必要がある．同時に，一酸化炭素，未燃炭化水素，窒素酸化物，二酸化硫黄，ダイオキシンなどによる局地汚染，光化学スモッ

グ，酸性雨といった中・広域汚染を防ぐ努力をして，環境の保全に努めなければならない．とにかく地球と太陽が数億年を掛けて成し遂げたことを，わずか数百年で逆転するようなことを人類は行っているが，物質の循環や平衡には長大な歳月が必要なことを考える必要がある．

1.2 燃料の種類，性質，ならびに資源量[(1)]

1.2.1 固体燃料

固体の状態で使用される燃料を**固体燃料**といい，石炭類とバイオマス，ならびにそれらの加工燃料（**二次燃料**と呼ぶ）が主体である[*1)]．生産，輸送，貯蔵，取扱いに困難があり，かつ清浄に燃焼させることが難しいという欠点があるが，資源量はもっとも多い．

固体燃料の主成分は炭素と少量の水素で，それ以外に灰分と酸素，窒素，硫黄などを含んでいる．おもな固体燃料の名称，高発熱量と用途を表1.1に示しておく．表中，**一次燃料**は採掘・採取されたままの燃料，それを加工したもの

表1.1 固体燃料の発熱量と用途

分類	名　　称	高発熱量*	用　　途
一次燃料	石炭類		
	無煙炭	34～35.5 MJ/kg	一般用燃料，ボイラ
	瀝青炭	31～37　MJ/kg	一般用燃料,ボイラ,コークス製造,ガス製造,化学原料
	褐炭	23～31.5 MJ/kg	一般用燃料，ボイラ
	亜炭	23～31.5 MJ/kg	一般用燃料
	泥炭（草炭）	<24 MJ/kg	家庭用燃料
	まき	17～21　MJ/kg	家庭用燃料
二次燃料	コークス	25～29.5 MJ/kg	製鉄，鋳物，ガス製造，金属精錬
	半成コークス	21～29.5 MJ/kg	一般用燃料，ガス製造
	亜炭コークス	14.5～21 MJ/kg	一般用燃料
	石油コークス	32.7～37.5 MJ/kg	セメント焼成，ボイラ
	木炭	28～31.5 MJ/kg	家庭用燃料
	練炭	14.5～31.5 MJ/kg	家庭用燃料，一般用燃料
	有煙練炭	21～31.5 MJ/kg	一般用燃料

＊ まきを除く一次燃料に対しては純炭ベースの値．

＊1) オイルシェールやタールサンドは固体の形で埋蔵されているが，そのままで使用されることはなく，乾留または抽出によりシェールオイルやビチューメンと呼ばれる液体の形で供給されるので，液体燃料に分類することにする．

が**二次燃料**である．**亜炭**は石炭類の中で最も発熱量の低い褐炭の内，石炭化度が特に低く，かつ40％程度の水分を含み，褐色または黒褐色のもの，**泥炭（草炭）**は40から70％の水分を含み，乾燥もしくは圧搾によって水分を減らさないと燃焼できない粗悪燃料である．二次燃料については後述する．

A．石炭類 石炭類は植物が地下に埋没し，地熱や地圧による石炭化作用を受けて水分，二酸化炭素，メタンなどを放出し，酸素分を減じて炭素分に富む物質になったものである．一般に，石炭化が進むにつれて炭素分が増加する反面，酸素分が減少し，水素分はほぼ一定に保たれる．通常**石炭類**と呼ばれるのは比較的発熱量の高いものだけで，表1.1の亜炭や泥炭（草炭）のように発熱量の低い粗悪燃料は除外される．狭い意味で**石炭**と呼ばれるのは，さらに無煙炭と褐炭も除いた瀝青炭（表1.2の亜瀝青炭も含む）のみである．

a．石炭類の埋蔵量と埋蔵状態 埋蔵量には，地質学的に地球上に存在すると推定される**原始埋蔵量**と，技術的，経済的に採掘可能な**（推定）可採埋蔵量**とがあり，後者の内，ボーリングなどによって確認されたと見なされる分を**確認（可採）埋蔵量**と呼ぶ．原始埋蔵量を除いては，過去の採取量を差し引いたものである．確認埋蔵量は探査努力と技術的・経済的環境の推移により年々変化するが，原始埋蔵量から採取済み分を差し引いた値や可採埋蔵量を超えることはない．確認埋蔵量を過去1年間の採取量（生産量）で割ったものを**可採年**と呼び，安定供給の目安とする．したがって，石油の可採年が長期間25〜45年の範囲を上下しているからといって，石油が永久に枯渇しないという議論は誤りで，21世紀の前半には安定供給が維持できなくなると言われている．

石炭類の確認埋蔵量は1兆300億トンで，発熱量で比較すると石油の約4倍であるが，推定可採埋蔵量はこの5.6倍，石油の11.5倍にも上ると言われている．確認埋蔵量を年間生産量（35.7億トン）で割った可採年は288年であるから，現在の生産量が維持できれば1600年以上もつ計算になる．石炭は地球上にほぼ一様に分布しており，産地に大きな偏りがないのが利点である．

なお，埋蔵量や可採年などの数値はデータの出所や発表時期によって大きく異なることが多いので（原油の確認埋蔵量は1980年から2000年の間に60％近くも増加している），本書の数値は学習に支障のない程度の概略値と理解していただきたい．

b．石炭類の分析と分類 石炭類の分析方法には工業分析と元素分析とがある．

工業分析は乾留や燃焼など，石炭を工業的に利用や取引きする際に目安となる性質を知るための簡易分析法で，到着炭を室温の恒湿容器内で調湿後60メッシュのふるい（篩）[*2)]を通るように微粉砕した調湿試料を，水分，揮発分，灰分，固定炭素に分析する．なお，調湿中に乾燥によって減少した質量割合（到着炭の質量を100%とする）は付着分と見なして，**湿分**または**付着水分**と呼ぶ．

水分は調湿試料を，さらに107℃の高温槽中で1時間乾燥させたときの質量の減少割合（調湿試料の質量を100%とする）である．これを付着分を含めた到着炭ベースの質量分率に換算し，先ほどの湿分と合わせたものを**全水分**または**到着水分**と呼ぶ．

揮発分は900℃の白金るつぼの中で空気を断って調湿試料を7分間乾留し，減少した質量を水分と揮発分の合計量と考えて，それから水分を差し引いて求める．揮発分は高温で分解してガス化し，その後で燃焼する成分で，これが多いと炎をあげてよく燃えるが，すすや悪臭を発生し易い．

灰分は815℃の電気炉中で調湿試料を完全燃焼させたときに，どうしても燃えずに残った無機物を一括して灰と称し，その質量割合をいう．

固定炭素は調湿試料から水分，揮発分，灰分を取り去った残りで，コークスと同様，少量（数%以下）の水素を含んだ炭素と考えられる．

結局，石炭類中に含まれる可燃分は揮発分と固定炭素ということになるが，これらの割合 $FR=$（固定炭素 [%]）÷（揮発分 [%]）によって，石炭類の燃え方と品質が決まる．そこで FR を**燃料比**と呼んで，石炭類の分類指標の一つにする．

もう一つの分類指標は発熱量で，日本では石炭類から水分と灰分を取り除いた可燃分の発熱量を**純炭発熱量**と称して，使用している．石炭化度が進むと揮発分中の酸素含有率が減少し，それだけ純炭発熱量が上昇するので，石炭化度の指標になると考えられたわけである．表1.2に，この二つの指標に基づく国内炭の分類表を示す[*3)]．

表中に**粘結性**という欄があるが，これは空気を遮断して石炭類を加熱すると（**乾留**），軟化・溶融してガスやタールを発生し，後に硬いコークスを残すことがある．この性質を**粘結性**と呼び，石炭類の今一つの重要な分類指標とする．生成するコークスの硬さによって**強粘結炭**，**弱粘結炭**，**非粘結炭**に分けられる

---

* 2) 1インチ（=25.4 mm）に60の目を持つ標準ふるい．
* 3) 国際分類法では揮発分と高発熱量を指標として採用している．

1.2 燃料の種類，性質，ならびに資源量　5

表1.2　国内炭の分類表*

名　称	粘結性	級	純炭発熱量	燃料比	用　　途
無煙炭	非粘結	A_1		> 9	一般用燃料，ボイラ用燃料
（せん石）	非粘結	A_2		> 4	一般用燃料，ボイラ用燃料
瀝青炭	強粘結	B_1	>35.2 MJ/kg	>1.5	製鉄用コークスの製造，都市ガスの製造，
	強粘結	B_2	>35.2 MJ/kg	<1.5	化学工業用原料
	粘　結	C_1	>33.9 MJ/kg	>1	同　　上
	弱粘結	C_2	>33.9 MJ/kg	<1	一般用燃料，発電用燃料，工場ボイラ用燃料
亜瀝青炭	弱粘結	D_1	>32.7 MJ/kg	>1	一般用燃料，都市ガス製造，化学工業用原料
	非粘結	D_2	>32.7 MJ/kg	<1	一般用燃料，発電用燃料，工場ボイラ用燃料
	非粘結	E	>30.6 MJ/kg		一般用燃料，発電用燃料，工場ボイラ用燃料
褐　炭	非粘結	F_1	>28.3 MJ/kg		一般用燃料，発電用燃料，工場ボイラ用燃料
（亜　炭）	非粘結	F_2	>24.3 MJ/kg		一般用燃料

* JIS M 1002 に準拠．

が，強粘結炭はコークス製造用の**原料炭**として重用され，非粘結炭は安価な**燃料炭**として利用される．石炭化の進んだ瀝青炭に強粘結炭が多い．なお，コークスは製鉄業や鋳物産業には欠かせない重要物資で，原料炭が燃料炭より重要視される所以である．

今一つの石炭類の分析方法に**元素分析**がある．これは，**炭素，水素，窒素，燃焼性硫黄，灰分**の含有量を分析し，無水試料に対する質量比で表示する．熱管理における燃焼計算に欠かせない，重要なデータを提供する．第2章で c, h, n, s, a という記号で表示されるものがそれである．

【例題 1-1】　ある石炭を工業分析して，つぎの分析データを得た．
① 第1の調湿試料 1.030 g を用いて水分測定を行った場合の減量：0.023 g
② 第2の調湿試料 1.070 g を用いて灰分測定を行った場合の残量：0.179 g
③ 第3の調湿試料 0.998 g を用いて揮発分測定を行った場合の減量：0.333 g

この結果から，(a) 水分，(b) 灰分，(c) 揮発分，(d) 固定炭素，(e) 燃料比を決定せよ．

［解］　(a) 水分 $= (0.023/1.030) \times 100 = 2.23\%$
　　　　(b) 灰分 $= (0.179/1.070) \times 100 = 16.73\%$

(c) 揮発分＝(0.333/0.998)×100－水分＝33.37－2.23＝31.14%
(d) 固定炭素＝100－(2.23＋16.73＋31.14)＝49.90%
(e) 燃料比＝固定炭素/揮発分＝49.90/31.14＝1.60

B．二次燃料

(1) コークス　空気を遮断した原料炭を1000℃内外の温度で加熱（**高温乾留**）して製造する．燃料として使用されることはほとんどなく，冶金，製鉄，鋳造の目的に使用される．

(2) 石油コークス　原油を減圧下で分留した残渣（減圧残油）を熱分解，接触分解，水素化分解して軽質油を製造した残りかすで，産出工程により**ディレードコークス**と**フルードコークス**に分かれる．

(3) 練炭　木炭，無煙炭，コークス粉などの炭素質燃料の粉末を圧縮成形したものである．

1.2.2　液体燃料

液体の状態で使用される燃料を**液体燃料**といい，石油系燃料が主体である．最近ではオイルシェールの乾留によって得られる**シェールオイル**，タールサンドから抽出される**ビチューメン**を，買い手のない重質原油とともに非在来型石油資源と位置付ける見方があり[2]，この場合，石油の確認埋蔵量は2.3倍に増加する．そのほか，石炭液化油（合成燃料油）やメタノールが二次燃料として加わる．

A．石油系燃料　地下から採取されたままの石油を**原油**といい，石炭類と同様，産地によって組成や性質が大きく異なっている．それにもかかわらず石油製品の性質が一定しているのは，製油所で分留，分解，混合の複雑なプロセスを経て，例えば自動車用レギュラーガソリンなら，全国どのガソリンスタンドで買っても，同じJIS規格どおりの製品に仕上げられるためである．

a．石油製品　精製プロセスを経た石油製品には，ナフサ（粗ガソリン），ガソリン，灯油，軽油，重油，アスファルト，ピッチ，石油コークスがある．その性質と用途を表1.3に示し，簡単に説明する．

(1) ナフサ（粗ガソリン）　240℃までに96%以上が溜出し終わる軽質成分である．燃料ガス，ガソリン，ジェット燃料，化学工業，溶剤などの原料として重要である．

表1.3 石油製品の性質と用途

名称	沸点範囲	比重	高発熱量	用途
ナフサ	<250°C	0.65〜0.75	46.1 MJ/kg	化学原料, ガス製造, 発電, ジェット燃料
ガソリン	<200°C	0.65〜0.75	46.1 MJ/kg	ガソリンエンジン用燃料
灯油	180〜300°C	0.79〜0.85	41.9 MJ/kg	家庭用, ジェット/石油エンジン用燃料
軽油	250〜360°C	0.83〜0.88	41.9 MJ/kg	高速ディーゼル/焼玉エンジン用燃料
重油	>350°C	0.83〜0.97	37.7〜41.9 MJ/kg	ディーゼルエンジン用/一般用/発電用燃料
アスファルト			41.7 MJ/kg	ボイラ, 焼成, 低速ディーゼルエンジン用燃料
ピッチ			35.6 MJ/kg	ボイラ
石油コークス			32.7〜37.5 MJ/kg	セメント焼成, ボイラ

(2) ガソリン 沸点範囲はナフサとほぼ同じであるが，ガソリンエンジンに適するように分溜性状や**オクタン価**[*4)]を調整した製品で，自動車用と航空用がある．

(3) 灯油 引火点が常温（40°C）以上になるように調整された軽質油である．

(4) 軽油 高速ディーゼルエンジンに使用され，**セタン価**[*5)]と流動点に注意して調整される．

(5) 重油 安定な直溜重油と不安定な分解重油を混合し，軽油を加えて粘度を調整した中・低速ディーゼルエンジン用と加熱用の燃料である．粘度の低い方から **A重油**，**B重油**，**C重油**がある．

なお，ガスタービン用燃料としては，小型のものには灯油，軽油，A重油

＊4) ガソリンの**ノック性**（ノッキングの起こし易さ）の指標である．ガソリンエンジンでは，点火プラグで形成された火炎がもっとも遠い**エンドガス**までスムーズに（乱流火炎）伝ぱする状況を正常燃焼とするが，燃料の自発着火性が高いと，エンドガスに火炎が到達するまでに自発着火を起こし，急激な圧力上昇によりノック音や壁面伝熱の加速が生じる．これを**ノッキング**と呼び，自発着火性の低い標準燃料の i-オクタンと高い n-ヘプタンを混合した副標準燃料と比較してガソリンの**オクタン価**を決める．i-オクタンの体積分率が90％の副標準燃料と等価なガソリンのオクタン価は90で，これはレギュラーガソリンに当たる．比較の方法と使用するエンジンによって，リサーチ法，モータ法，航空法，過給法がある．

＊5) ディーゼル燃料の**ノック性**の指標である．ディーゼルエンジンではガソリンエンジンとは逆に，燃料の自発着火性が悪いと，噴射開始から着火までの遅れ時間が長くなり，その間に噴射された燃料が一斉に発火するので，急激な圧力上昇が生じて，ノック症状を呈する．したがって，この場合には自発着火性のよい燃料が適しているわけで，自発着火性の高い標準燃料のセタンと低い α-メチルナフタレンを混合した副標準燃料と比較して，当該燃料の**セタン価**を決める．

が，大型のものにはB・C重油が用いられる．航空用には灯油，または灯油とナフサの混合油（ジェット燃料）を用いる．

b．石油の埋蔵量と埋蔵状態　確認埋蔵量は1500億トン（1兆800億バレル*6)），推定可採埋蔵量は2950億トン（2兆1200億バレル），可採年数は44年程度となっている．さらにこれまで採掘対象となっていなかった重質原油，シェールオイル，ビチューメンを含めると，確認埋蔵量が3430億トン（2兆4700億バレル），推定可採埋蔵量が8200億トン（5兆9000億バレル）で，可採年は101年に延びる．現在の年間生産量で推定可採埋蔵量を使い切るのは約240年後のことになる．ただ，その頃に残っているのは，環境に優しくなく，生産にコストの掛かる粗悪油だけではあるが．

埋蔵状態は地域的に偏っており，中東の66％と中南米の12％で80％近くを占め，以下旧共産圏の8％，アフリカの6％が続く．また，非在来型の石油資源であるオイルシェールやタールサンドは南北アメリカ大陸に偏在している．

c．石油系燃料の性質　石油系燃料の主要な性質を簡単に説明する．

(1) 炭素/水素比　炭化水素の**炭素/水素比**（c/h）は，メタン（CH_4）の3.0 kg/kgからアセチレンの11.9 kg/kgまで広範囲に分布するが，石油類は5.96 kg/kg前後である．炭素/水素比が大きくなると1 kgの燃料が燃焼するのに必要な空気量は増加し，発熱量は低下する．

(2) 比　重　石油系燃料の性質は比重と結び付いており，比重が分かれば，他の性質は大体見当がつく．通常は15℃の燃料と4℃の水の密度比 SD(15/4℃)を用いるが，アメリカでは SD(60/60°F)が用いられる．習慣で，つぎのように定義される **API度** と **ボーメ度** $Bé$ が使われることがある．

$$\text{API 度} = \frac{141.5}{SD(60/60°F)} - 131.5, \quad \text{ボーメ度} = \frac{140}{SD(60/60°F)} - 130 \quad (1.1)$$

比重0.7のガソリンはAPI度＝70.6，ボーメ度＝70.0，比重0.9の重油はAPI度＝25.7，ボーメ度＝25.6である．比重が1.0の油ならば，どちらも10.0になる．

(3) 引火点　油面上の蒸気が希薄可燃限界濃度に達する温度である．

(4) 流動点　試験管に入れた試料が流動しなくなる凝固点より2.5℃高い温度と定義する．

---

*6) バレルは樽1杯分の量で，石油に対しては159 l，低発熱量にして9.16 GJを意味する．

(5) 粘度　燃料の流動や微粒化には**動粘度**が関係する．動粘度 ν の SI 単位は m²/s であるが，cgs 単位の St（ストークス［cm²/s］）または cSt（センチストークス＝10^{-2} St）が普及している．

(6) 分溜性状　石油系燃料は種々の沸点を持った多成分の混合物であるので，徐々に温度を上げて，各温度までの溜出割合をプロットすると**蒸留曲線**が得られる．10％溜出する温度を 10％点，90％溜出する温度を 90％点などと呼ぶ．

【例題 1-2】　比重 $SD(60/60°F)=0.80$ の石油系燃料がある．この燃料の API 度とボーメ度を計算せよ．

　［解］　式 (1.1) より，
　　　　　API 度＝$141.5/SD(60/60°F)-131.5=141.5/0.80-131.5=45.4$
　　　　　ボーメ度＝$140/SD(60/60°F)-130=140/0.80-130=45.0$

B．非在来型石油資源　前にも述べたように，これまで採掘対象となっていなかった重質原油，シェールオイル，ビチューメンも，今後は新しい石油資源として生産量が増加する可能性がある．

a．シェールオイル　オイルシェール（油母頁岩）は水藻が石炭化したもので，灰分が過半を占めて，自燃できないものが多い．採掘後レトルトで乾溜するか，地下乾溜をすることにより，シェールオイルと呼ばれる窒素分と硫黄分の多い重質油（一例では N：1.9％，S：0.9％）が得られる．

b．ビチューメン　タールサンド（オイルサンド）はビチューメンと呼ばれる重質油を 4〜20％含んだ砂で，露天掘りの後，抽出もしくは地下回収法によって硫黄分の極度に多い超重質油（一例では N：0.4％，S：4.4％）が得られる．

C．石炭液化油（合成燃料油）　乾留法，直接液化法，間接液化法のいずれかの方法で石炭から製造される液体燃料である．多少とも将来性があるのは直接液化法のみである．

D．アルコール類

a．メタノール　天然ガスから容易に合成でき，容易に水素に変成できるので，LNG 基地を建設する程には生産量が多くないガス田からのエネルギー輸送媒体として期待されている．また，僻地の水力や太陽光で発生した電力を，

水の電気分解によって水素エネルギーに変え，さらに石炭やバイオマスの炭素と結合させてメタノールとして工業地帯や人口密集地帯に輸送するという，自然エネルギーの輸送・貯蔵媒体としても期待されている．

b．エタノール 農産物の発酵によって生産する試みがなされたが，肥料や農薬の生産から発酵に要するエネルギーまで合算すると，エネルギー得率が低く，実用には至っていない．

1.2.3 気体燃料

気体の状態で使用される燃料を気体燃料と呼ぶ．一次燃料としては**天然ガス**と**石油ガス（石油蒸気）**，二次燃料としては，石炭を原料とする**石炭転換ガス**と石油を原料とする**石油転換ガス**，副生燃料ガスとして**コークス炉ガス**(COG)，**高炉ガス**（BFG），**転炉ガス**（LDG），**アーク炉ガス**（EFG），**製油所オフガス**がある．また，配管網を通して需要家に供給される燃料ガスのことを**都市ガス**と呼ぶ．

A．天然ガス 地下から直接採取されるガスで，主成分はメタンである．清浄で，石油ガスに次いで発熱量が高い．パイプライン輸送は 3000 km 以内に限られるが，$-162°C$ 以下に冷却・液化し，**液化天然ガス（LNG）**としてタンカー輸送すれば，距離の制限はなくなる．

a．天然ガスの種類 地質学的に，地下水に溶解した**水溶性ガス**，石炭層に共存する**石炭系ガス**，油田地帯に産する**石油系ガス**に分けられる．

b．天然ガスの埋蔵量と埋蔵状態 確認埋蔵量は石油ガスも含めて石油換算 1410 億トン（これを **toe**（ton of oil equivalent＝10^7 kcal）と表示する），可採年数は 73 年程度であるが，推定可採埋蔵量は 4200 億 toe であるから，現在の年間生産量（19.3 億 toe）で推移すれば 220 年程度もつことになる．これに，いままで採掘されていないデボン紀シェール，固結砂層，地圧滞水層，炭層などに保持された非在来型の天然ガスを含めると，確認埋蔵量は 3330 億 toe，推定可採埋蔵量は 8700 億 toe になるから，可採年数は 170 年程度，現在の年間生産量で推移すれば，最長 450 年程度もつことになる．それ以外に深海底には多量のメタンハイドレートが存在すると言われている．

埋蔵状態は石油同様に偏っており，中東と旧共産圏で世界の埋蔵量の 71% を占める．

B．石油ガス（石油蒸気） 鎖状炭化水素の内，分子中に C を 1～2 個含

んだものは常温・常圧でガス，5個以上含んだものは液体である．中間のCを3〜4個含んだものはガスではあるが，1.5 MPa以上に加圧するか，−49°Cに冷却することによって，簡単に液化する（**液化石油ガス，LPG**）．すなわち，使用に便利な気体燃料の性質と，輸送や貯蔵に便利な液体燃料の性質を兼ね備えている．家庭用燃料，工業用原料，都市ガス，自動車（タクシー）用燃料などに使われる．天然ガスから分離するか，石油精製・石油化学の工程から回収することによって製造される．

C．**石炭転換ガス** 乾溜法，部分酸化法，水素化分解法，水蒸気改質法，接触ガス化法のいずれかの方法で石炭から製造される二次燃料で，今後，重要度を増してくるものと予想される．

a．**乾溜法** コークス炉でコークスを製造する際の副生品として燃料ガスを製造するもので，生成するガスを**コークス炉ガス**（COG）と呼ぶ．高い発熱量を持つ優秀な燃料ガスである．

b．**部分酸化法** 水蒸気の存在下で石炭の不完全燃焼[*7)]，発生炉ガス反応[*8)]，水性ガス反応[*9)]，水素化反応[*10)]を起こさせる方法で燃料ガスを製造する．ガス化剤として，水蒸気に空気を加えるか，酸素を加えるかで，生成する燃料ガスの窒素含有率，ひいては発熱量が大きく変化する．前者を**低カロリーガス化**（高発熱量2〜7 MJ/m^3_N），後者を**中カロリーガス化**（高発熱量8〜13 MJ/m^3_N）と呼ぶ．

c．**水素化分解法** 水添ガス化法とも呼ばれ，メタンの生成を目的とする．700〜850°C，3〜7 MPaの条件下で，水素をガス化剤として石炭の熱分解と水素化反応[*10)]を起こさせる．タールやチャーも生成する．このガスを原料として**合成天然ガス**（SNG）と呼ばれる高カロリーガス（高発熱量33〜42 MJ/m^3_N）の製造が行われる．

d．**水蒸気改質法** 水蒸気をガス化剤として石炭を分解する方法で，石炭の熱分解に加えて，水性ガス反応[*9)]と水素化反応[*10)]を起こさせる．昔の間欠動

---

* 7) $C+1/2\,O_2=CO+111\,kJ/mol$ なる発熱反応．完全燃焼は $C+O_2=CO_2+394\,kJ/mol$.
* 8) $C+CO_2=2\,CO-172\,kJ/mol$ なる吸熱反応で，同時に完全・不完全燃焼反応が起こることが前提．
* 9) $C+H_2O=CO+H_2-131\,kJ/mol$, $C+2\,H_2O=CO_2+2\,H_2-90\,kJ/mol$ なる吸熱反応で水素を生成．同時に $CO+H_2O=CO_2+H_2+41\,kJ/mol$ なる CO の**水素転換反応**も生じることが多い．
* 10) $C+2\,H_2=CH_4+75\,kJ/mol$, $CO+3\,H_2=CH_4+H_2O+206\,kJ/mol$ なる発熱反応でメタンを生成．

作をする水性ガス炉の近代化版である．

　e．**接触ガス化法**　触媒を用いて，部分酸化*7)，水素化分解（上記 c 項），水蒸気改質（d 項）の反応を温和な条件で，効率よく行わせる方法である．

　D．**石油転換ガス**　石油をガス化する原理と方法は，基本的には石炭の場合と変わらない．

　E．**副生燃料ガス**　製鉄所，製鋼所，製油所ではさまざまなプロセスや装置から副生ガスが発生する．多くは所内熱源として消費されるが，一部は都市ガスに回される．

　a．**製鉄所**　**コークス炉ガス**（COG）と**高炉ガス**（BFG）が発生する．

　b．**製鋼所**　LD 転炉から**転炉ガス**（LDG）が，アーク炉から**アーク炉ガス**（EFG）が発生する．可燃成分のほとんどは CO で，高発熱量は $8\,\mathrm{MJ/m^3_N}$ 台と低い．

　c．**製油所**　常圧蒸留装置，ガス分溜装置，水素化脱硫装置，接触改質装置，流動接触分解装置などから**製油所オフガス**と呼ばれる副生ガスが発生する．高発熱量は $40\,\mathrm{MJ/m^3_N}$ 以上である．

　F．**都市ガス**　以上述べた各種気体燃料をガス事業者が適当に混合して，配管網を通じて需要家に供給する場合に，これを都市ガスと呼ぶ．高発熱量は $15\sim100\,\mathrm{MJ/m^3_N}$ にわたっており，点火の容易さ，燃焼速度と火炎の安定性といった燃焼特性もさまざまである．また，高発熱量が契約によって一定に保たれていても，組成は時間的に変動する．したがって，ガス器具に対するガスの互換性は重要である．そこで，ガスを燃焼特性によって 4 A，4 B，4 C，5 AN，5 A，5 B，5 C，6 A，6 B，6 C，7 C，11 A，12 A，13 A に分類し，記号に対応する器具は，ガスの組成が変動しても，良好な燃焼を保証するようにしている．

1.3　燃焼の化学的側面

　燃焼は酸素による燃料の発熱酸化反応であるから，当然，化学反応（反応動力学）が重要な役割を果たす．ただ，化学反応は分子レベルで起こる現象なので，燃料の分子と酸素分子が出会わなければ，燃焼は生じない．また，化学反応の速度は温度と圧力に大きく左右される．したがって，流動，乱れ，波動現象といった流体力学的現象の影響を受けるし，エネルギーの変換と保存，物質

の熱物性，分子拡散，伝熱といった熱力学的・伝熱学的現象の影響も受ける．燃焼のグローバルな速度が化学反応に支配されるのか，流体力学的現象に支配されるのか，それとも熱的な現象に支配されるのかは，燃焼場の状況やスケールによって決まる．例えば，大型炉では，化学反応に要する時間は流動現象や伝熱現象のそれに比べて，けた違いに短いから，全体の速度には影響しない．

ここでは，燃焼の化学的側面，特に反応動力学に関係する事項について説明する．

1.3.1 気相燃焼反応のメカニズム

水素，炭素，メタンなどが完全燃焼するときの反応式として，

$$H_2 + 1/2\,O_2 = H_2O \tag{R1}$$

$$C + O_2 = CO_2 \tag{R2}$$

$$CH_4 + 2\,O_2 = CO_2 + 2\,H_2O \tag{R3}$$

のような式が与えられている．ところが，これらの式は反応の始めと終わりの状態を等号で結んだだけのもので，このような反応式のことを**総括反応式**または**化学量論式**と呼ぶ．実際には何十，何百という**素反応**（実際に生起する単純な要素反応）が並行して，あるいは順次に起こって，最終的に上に書いたような反応が起こったように見えるわけである．

上述のことを，反応 (R1) を例にとって説明する．この反応は，重要なものだけをとっても，つぎの5個の反応によって進行する．

$$OH^* + H_2 \rightarrow H_2O + H^* \quad [連鎖移動反応] \tag{R4}$$

$$H^* + O_2 \rightarrow OH^* + O^* \quad [連鎖分枝反応] \tag{R5}$$

$$O^* + H_2 \rightarrow OH^* + H^* \quad [連鎖分枝反応] \tag{R6}$$

$$H^* + O_2 + M \rightarrow HO_2 + M \quad [気相停止反応] \tag{R7}$$

$$H^*,\ O^*,\ OH^* \rightarrow 安定分子 \quad [表面停止反応] \tag{R8}$$

なお，反応 (R7) の M は**第三体**と呼ばれ，励起状態の HO_2 の振動エネルギーを取って，安定化させる役目をする分子で，分子でありさえすれば，何であってもよい（ただし，反応の確率は変わる）．これらの反応は矢印の方向に進む（**順反応**と呼ぶ）だけではなく，逆方向にも進む（**逆反応**と呼ぶ）．したがって，通常は燃焼反応が完了することはなく，いつまで経っても燃焼ガスの中に反応の中間生成物が含まれる．この現象は高温ほど目立つので，**熱解離**と呼ばれる．また，長時間の後には，順反応と逆反応とが釣り合って，解離状態

のまま，ガスの組成が一定値に近付くが，この状態を**化学平衡**と呼ぶ．熱解離は2000Kを超えると急に目立つようになるが，そのために燃焼熱が完全には開放されず，燃焼温度が低くなる．

反応 (R 4) ～ (R 8) は反応確率の高いラジカルOH^*や原子H^*, O^* (**活性化学種**と呼ばれ，＊印で示した) が生成，交替，増殖することによって継続もしくは活発化し，破壊される量が増殖量を上回ると停止する．このような一連の素反応の集まりを**連鎖反応**と呼び，交替，増殖することによって連鎖反応を維持する活性化学種のことを**連鎖担体**と呼ぶ．反応 (R 4) では連鎖担体の数が反応前後で増減せず，交替するだけなので**連鎖移動反応**，それに対して反応 (R 5) と (R 6) では連鎖担体の数が増加するので**連鎖分枝反応**と呼ぶ．反応 (R 7) では気相反応によって連鎖担体が破壊されて，比較的活性度の低いHO_2に変わるので，これを**気相停止反応**と呼ぶ．また，連鎖担体が壁面に拡散すると，表面反応 (R 8) によって破壊されて，安定分子に変わる．これを**表面停止反応**と呼ぶ．このように，連鎖担体は核分裂における熱中性子と類似の働きをしながら，燃焼反応を進行させて行く．

なお，連鎖反応が始まるためには，安定分子から連鎖担体を作り出す反応が必要であるが，そのような反応を**連鎖創始反応**と呼び，つぎのようなものである．

$$H_2 + O_2 \rightarrow HO_2 + H^* \quad [連鎖創始反応] \quad (R\ 9)$$
$$H_2 + O_2 \rightarrow H_2O_2 \rightarrow H_2O + O^* \quad [連鎖創始反応] \quad (R\ 10)$$
$$\hookrightarrow 2\,OH^*$$

このように，見掛けの燃焼反応 [(R 1) など] は実際に起こっている素反応群とは全く違っており，このような反応群が一酸化炭素や窒素酸化物などの有害物質を作り出していることに注意されたい．

1.3.2 気相燃焼反応速度の計算方法

反応 (R 4) ～ (R 10) のような反応式を何十と書き並べ，それぞれの順反応と逆反応に対して反応速度式を与えて，同時進行で計算して行くのが，厳密な反応速度の計算法である．しかし，これは大変なことであるし，その必要もないことが多い．特に装置が大きくて，対流や拡散に時間が掛かり，しかも温度が高くて反応時間が短いときには，燃料と酸素の分子が出会えば瞬時に反応を完了すると考えても，大きな誤差は生じない．この場合，反応面 (火炎面) は

無限に薄い空間曲面になるので，反応計算は不要で，境界条件で置き換えることができる．このようなモデルを**火炎面モデル**と呼ぶ．燃料と空気をあらかじめ混合した**予混合気**では，もちろんこのモデルは使えないので，**火炎伝ぱ**という概念を導入しなければならない．

厳密な反応計算と火炎面モデルとの中間に，反応 (R1)～(R3) のような総括反応式に対して経験的に反応速度を与える方法がある．すなわち，多数の素反応群から成り立っている燃焼反応を，

$$F + O \rightarrow P \tag{R11}$$

のような一段不可逆総括反応で置き換えて，次のような経験式で反応速度を表現する．

$$-\frac{d[F]}{dt} = f[F]^m[O]^n T^k \exp\left(-\frac{E}{RT}\right) \tag{1.2}$$

ただし，F, O, P は燃料，酸素，生成物の平均分子式で，[F], [O], [P] はそれぞれのモル濃度 [mol/m³]，f, k, m, n, E は経験定数で，温度，圧力，混合気組成によって変化する．E は**総括活性化エネルギー** [J/mol] と呼ばれ，R は一般ガス定数 (=8.314 J/(mol·K)) である．特に，m と n が反応 (R1)～(R3) のような総括反応式中の係数（**量論係数**と呼ぶ）とは関係がなく，温度や圧力によって値が変化する点に注意されたい．$(m+n)$ のことを**総括反応次数**と呼び，炭化水素系の燃料では2に近い値をとる．

【**例題 1-3**】 式 (1.2) を用いて，プロパンを燃料とするガスタービン燃焼器中でのプロパンの反応速度を計算する．ある点でのプロパンと酸素の質量分率を m_F と m_O，圧力を p [Pa]，温度を T [K] とすると，1 m³ 中のプロパンの反応率 $-R_F$ [kg/(m³·s)] は次式で計算できる[3]．

$$-R_F = f p^2 m_F m_O \exp(-E/RT)$$

$f = 0.5$ kg·m/(N²·s)，活性化温度 $E/R = 19000$ K，$p = 1.0 \times 10^6$ Pa，$T = 1800$ K，$m_F = 0.05$ kg/kg，$m_O = 0.18$ kg/kg として，反応速度を試算せよ．

[**解**] 問題の式に，与えられた数値を代入する．

$$\begin{aligned}
-R_F &= 0.5 (1.0 \times 10^6)^2 \exp(-19000/1800) \\
&= 0.5 \times 10^{12} \times 0.05 \times 0.18 \times 2.60 \times 10^{-5} \\
&= 1.17 \times 10^5 \text{ kg/(m}^3\text{·s)} = 117 \text{ kg/(m}^3\text{·ms)}
\end{aligned}$$

すなわち，1 m³，1 ms 当たり 117 kg のプロパンが燃焼している．

1.3.3 表面燃焼反応のメカニズム

木炭，コークス，燃え残った石炭中の固定炭素（チャー）などは揮発分をほとんど含まないので，赤熱した表面や気孔の内部に酸素（酸素が不足する場合は二酸化炭素）が拡散してきて，発熱酸化反応を起こす．酸素の拡散量が不足する場合は，不完全燃焼反応で生成した一酸化炭素や水素が，表面から拡散する途中で酸素と出会って，青炎を発して燃焼する．炭火が青炎を出すことがあるのは，この理由による．

簡単のために，純炭素の表面反応を考える．表面近傍には，空気中の O_2，N_2，H_2O，燃焼によって生成した CO，CO_2，それに熱解離や反応途中で生じた酸素原子 (O) が存在する．これらの内，O_2，O，CO_2，H_2O は，つぎのような反応によって炭素表面や気孔内壁を酸化する．

$$C + O_2 \rightarrow CO_2 \tag{R 12}$$
$$C + 1/2\,O_2 \rightarrow CO \tag{R 13}$$
$$C + O \rightarrow CO \tag{R 14}$$
$$C + CO_2 \rightarrow 2\,CO \tag{R 15}$$
$$C + H_2O \rightarrow CO + H_2 \tag{R 16}$$

これらの反応で生じる生成物の内，CO_2 の一部はふたたび表面反応に参加するが，CO と H_2 は表面から拡散しながら，つぎのような気相反応によって CO_2 と H_2O にまで酸化される．

$$CO + 1/2\,O_2 \rightarrow CO_2 \tag{R 17}$$
$$H_2 + 1/2\,O_2 \rightarrow H_2O \tag{R 18}$$
$$CO + H_2O \rightarrow CO_2 + H_2 \tag{R 19}$$

1.3.4 表面燃焼反応速度

表面反応速度は燃料の単位表面積当たりの炭素の消費率 m'_c [kg/(m²·s)] で表されるのが普通で，表面近傍に酸素が十分に存在する場合には，

$$m'_c = k_s p_s(O_2) \tag{1.3}$$

酸素がほとんど存在せず，CO_2 による酸化が行われる場合には，

$$m'_c = k_s p_s(CO_2) \tag{1.4}$$

ここで，p_s は括弧内の分子の燃料表面での分圧 [Pa]，k_s は表面反応速度定数 [kg/(N·s)] で，次式で与えられる．

$$k_s = f_s \exp\left(-\frac{E_s}{RT_s}\right) \tag{1.5}$$

ただし，T_s は表面温度，f_s は頻度因子，E_s は活性化エネルギー [J/mol] である．

【例題 1-4】 式 (1.5) を用いて，表面温度 T_s を 1200 K に保ったグラファイト表面における炭素消費率 m'_c [kg/(m²·s)] を計算せよ．ただし，表面における酸素分圧 $p_s(O_2) = 0.21 \times 10^5$ Pa，頻度因子 $f_s = 0.354$ kg/(N·s)，活性化エネルギー $E_s = 1.50 \times 10^5$ J/mol とせよ．

[解] 式 (1.5) に，与えられた数値を代入する．
$k_s = 0.354 \times \exp(-1.50 \times 10^5/(8.314 \times 1200))$
$= 0.354 \times 2.954 \times 10^{-7} = 1.046 \times 10^{-7}$ kg/(N·s)
式 (1.3) に k_s と $p_s(O_2)$ を代入すると，
$m'_c = 1.046 \times 10^{-7} \times 0.21 \times 10^5 = 2.20 \times 10^{-3}$ kg/m²·s = 2.20 g/m²·s

1.4 燃焼の流体力学的側面

燃焼現象は流動，乱れ，波動現象といった流体力学的現象の影響を受ける．燃焼技術で特に重要なのが燃焼場（火炎）を横切る横断流，乱れ，渦，旋回（スワール），誘引，圧力波などである．

1.4.1 横断流

燃焼の生じている場（厚み l [m]）を流れが速度 u [m/s] で横切るとき，流動特性時間 τ_f は l/u [s] である．また，化学反応の特性時間 τ_c は [(反応物質のモル濃度)÷(反応率)] [s] である（反応率はモル濃度の増減率で表される）．この二つの特性時間の比

$$Da_1 = \tau_f/\tau_c \tag{1.6}$$

を**第一ダンケラー数**（通常は単に**ダンケラー数**）と呼ぶ．$Da_1 > 1$ ということは，ガスの粒子が反応場を横切る時間の方が反応に要する時間に比べて長いのであるから，反応場を横切る間にガスの粒子は余裕をもって反応を完了し，すべての燃焼熱を解放することができる．したがって，この火炎は安定で，流速を上げることにより，さらに多量の燃料を燃焼させることができる．すなわち，場の燃焼率は反応率に無関係に，流速に支配される．逆に $Da_1 < 1$ であ

ると，ガス粒子はすべての燃焼熱を解放することができず，場の温度が下がって，火炎は不安定化し，ついには消炎するに至る．すなわち，場の燃焼率や火炎の安定性は反応率に支配される．燃焼装置がこのような状態になったときには，燃料の濃度（混合比）を上げたり，燃焼用空気を予熱して，温度や反応率を上げてやればよい．

1.4.2 乱れと渦

流れ場の**レイノルズ数** Re は次式で定義される．

$$Re = uL/\nu \tag{1.7}$$

ただし，L は流れ場の代表寸法 [m]，ν は運動粘性係数（動粘度）[m²/s] である．Re がある臨界値（管内流で 2300）を超えると，流れ場が層流から乱流に遷移し，大小の渦が発生するため，一点で観測される流速はランダムに変動するようになる．渦は火炎に凹凸を作り（肉眼では火炎が厚く，明るくなったように見える），その分，層流の状態から火炎面積が増大するため，見掛けの単位面積当たりの混合気の燃焼率，ひいては火炎の伝ぱ速度が増加する（これを層流火炎から乱流火炎への遷移という）．渦は，一方では，物質や熱の輸送のメカニズムを分子拡散や熱伝導から渦拡散に遷移させ，輸送速度を大幅に増加させる．そのため，燃焼率も大きく増加するが，燃焼騒音や不完全燃焼成分の発生という副作用も生じ，ついには化学反応率が熱や物質の輸送速度に追い付かなくなって，希薄な分散反応領域と化し，吹消える．

乱流場の中で火炎が凹凸を作って活性化するか（**しわ状層流火炎**と呼ぶ），分散反応領域化して，ついには吹消えに至るかを判定する目安として，次の**コヴァツネー数**が提案されている．

$$\Gamma = \tau_c/\tau_t \tag{1.8}$$

ここで，τ_t は乱流運動の特性時間で，乱れの強さ u' と等しい速度で比較的小さなミクロスケールの渦を横断するに要する時間である．これは微小渦の中でのダンケラー数の逆数に相当し，$\Gamma \ll 1$ ならば，しわ状層流火炎，$\Gamma \gg 1$ ならば**分散反応領域火炎**を経て，ついには吹消えに至る．

1.4.3 旋回（スワール）

バーナや燃焼器の多くは，流れに旋回（スワール）を掛けることによって混合を促進させたり，循環流を発生させるようになっている．旋回の強さは，次

式のような**スワール数** S で与える．

$$S = G_a/(G_t R)$$

ただし，$G_a = \int_0^R (wr)(\rho u)(2\pi r)dr, \ G_t = \int_0^R (\rho u^2 + p)(2\pi r)dr$ (1.9)

ここで，x は管軸方向にとった座標軸，r は半径方向座標軸，u は x 方向流速成分，w は旋回流速成分，R は管の内半径，ρ はガスの密度，p は管出口を基準にした圧力で，G_a は角運動量流束，G_t は並進運動量流束である．S が 0.5 以下だと遠心力によって流線が少し脹らむだけであるが，0.6 以上では軸付近に発生する負圧のために，下流から流体が逆流し，その結果，**循環流**が形成される．そうなると流れが淀み，混合が促進されるとともに，火炎がその位置に安定化される．

1.4.4 誘引（エントレインメント）

燃料噴流を空気流もしくは静止空気中に高速で噴射すると，周囲の空気が燃料噴流に誘引されて混合が促進される．これを噴流による周囲空気の**誘引（エントレインメント）**と呼び，バーナ設計の重要なファクターである．気体燃料の拡散燃焼（非予混合燃焼）では，周囲空気の誘引によって火炎形状が決まると言われているし，液体燃料の噴霧燃焼や微粉炭燃焼などで，もし誘引現象が利用できなければ，バーナ設計は非常に困難な作業になるであろう．

1.4.5 圧力波

デトネーションが強い圧力波である衝撃波と結び付いた激しい燃焼現象であることはよく知られているが，エンジンのノッキングが圧力波と結び付いていることや，ロケット燃焼にも圧力波が関与することは案外知られていない．振動燃焼やパルス燃焼にも圧力波が関係している．管内を伝ぱする層流火炎が管内を往復する圧力波と干渉して乱流火炎となり，ついにはデトネーションに遷移する現象はよく研究されている．将来，定在衝撃波を利用した超音速燃焼も実用化される可能性もある．

1.5 燃焼の熱力学的・伝熱学的側面

燃焼が化学的エネルギーの熱エネルギーへの変換プロセスであり，それに続

く熱利用が伝熱現象と結び付いている以上，熱力学と伝熱学が燃焼の根幹にかかわっていることは明瞭である．第2章で取り上げる「燃焼計算」は，元素や熱エネルギーの保存則に基づいた熱力学であるし，化学反応と熱との結び付きや化学平衡，反応動力学も化学熱力学で取り扱われるテーマである．工業炉やボイラにおける対流伝熱や放射伝熱は伝熱学の知識がなければ取り扱うことができないし，燃焼反応と同時進行する伝熱現象は燃焼学の専門家以外には完全に理解することが困難である．

演習問題
(1) ガソリンエンジンと高速ディーゼルエンジンでは，燃料の自発着火性に対する要求が逆になる．その理由を述べよ．
(2) 石炭は産地が変われば，同じ炉で微粉炭燃焼することが困難であるのに，石油製品については，ほとんど産地を気にしなくてもよい理由を述べよ．
(3) 化石燃料の確認埋蔵量，可採年，推定可採量，それと非在来型燃料のそれらの値を見て，将来のエネルギー事情について考察せよ．1970年代に騒がれたエネルギー危機は去ったと見てよいか．地球環境問題を考慮に入れると，どうなるか．

引用文献
(1) 水谷, 燃焼工学・第3版, (2002), p.1, 森北出版．
(2) エネルギー教育研究会編・著, 講座 現代エネルギー・環境論【改訂版】, (2000), p.72-73, エネルギーフォーラム．
(3) 水谷・香月, 機械学会論文集（第2部）, **42**-355 (1976-3), p.943．

参 考 書
水谷幸夫, 燃焼工学・第3版, (2002), p.1, 森北出版．
省エネルギーセンター（編）, 新訂・エネルギー管理技術［熱管理編］, (2003), p.221-297, 省エネルギーセンター．
（財）日本エネルギー経済研究所・計量分析部（編）, EDMC/エネルギー・経済統計要覧（2001年版）, 省エネルギーセンター．
新岡 嵩・河野通方・佐藤順一（編著）, 燃焼現象の基礎, (2001), p.1, オーム社．

第2章 省エネルギーと熱管理のための燃焼計算

2.1 燃焼に必要な酸素量と空気量―混合比の表し方

乾燥した燃料(無水燃料)は炭素(C)と水素(H)を主成分とし,それ以外に若干の硫黄(S),酸素(O),窒素(N),灰分(ガス化しない不燃成分)などを含んでいる.燃料が燃焼する場合,いったん燃料がこれらの構成元素に分解されて,別々に酸化され,生成ガスを作ると考えても,燃焼に必要な酸素量や空気量,燃焼生成ガスの発生量を論じる分には,何の問題も生じない.これは,熱力学における元素保存則に基づいて,古くから熱管理の教科書で「炭素保存」,「酸素保存」,「窒素保存」として議論されていたものである.ただ,この手法では燃料中での各元素の結合エネルギーが考慮されていないので,発生熱量(燃焼熱)に関しては,正確な議論はできない.

2.1.1 燃焼に必要な酸素量と空気量

燃料構成元素の完全燃焼表(完全燃焼に必要な酸素と空気の量,ならびに生成する CO_2, H_2O, SO_2 の量)を表2.1に示す.灰分は燃焼にいっさい関与せず,気相の燃焼生成物を作ることもないので,表からは省いてある.

いま,燃料1kgに含まれる炭素,水素,燃焼性硫黄,酸素,窒素,灰分の質量分率を c, h, s, o, n, a [kg/kg] とすると,燃料が完全燃焼するのに必要な酸素の量(**理論酸素量**または**量論酸素量**と呼ぶ)O_0 [kg/kg fuel] と O_0' [m^3_N/kg fuel] は,表2.1を使って,つぎのように計算される[*1)]

$$O_0 = 2.66c + 7.94h + (s - o) \quad [\text{kg/kg fuel}] \tag{2.1}$$

$$O_0' = 1.87c + 5.56h + 0.70(s - o) \quad [\text{m}^3_\text{N}/\text{kg fuel}] \tag{2.2}$$

なお,c, h, s, o の値には小数を使い,パーセントの数値を使わないよう注意されたい.

[*1)] "m^3_N" は「ノーマル m^3」と読み,体積というよりは,むしろ0℃,1atmで1m^3を占めるガスの量,すなわち 1/0.02241 = 44.6mol を意味すると考えるのが正しい.

第2章 省エネルギーと熱管理のための燃焼計算

表2.1 燃料構成元素の完全燃焼表

元素	原子量	完全燃焼反応	必要酸素量 kg/kg	必要酸素量 m³ₙ/kg	必要空気量 kg/kg	必要空気量 m³ₙ/kg	生成物量 kg/kg	生成物量 m³ₙ/kg
C	12.01	$C+O_2=CO_2$	2.66	1.87	11.48	8.89	3.66	1.87
H	1.01	$H+1/4\,O_2=1/2\,H_2O$	7.94	5.56	34.21	26.48	8.94	11.12
S	32.06	$S+O_2=SO_2$	1.00	0.70	4.30	3.33	2.00	0.70
O	16.00	$O-1/2\,O_2=0$	-1.00	-0.70	-4.31	-3.34	0	0
N	14.01	$N=1/2\,N_2$	0	0	0	0	1.00	0.80

[補足説明] 表2.1において,炭素Cは12.01 kg当たりO_2を2×16.00 kgもしくは22.41 m³ₙ必要とするので,1 kg当たりでは$2\times16.00\div12.01=2.66$ kgもしくは$22.41\div12.01=1.87$ m³ₙの酸素を消費する.同時に炭素1 kg当たり$(12.01+2\times16.00)\div12.01=3.66$ kgもしくは$22.41\div12.01=1.87$ m³ₙの二酸化炭素を生成物として生成する.酸素Oは燃焼時に$1/2\,O_2$に変わり,外部から供給すべき酸素量あるいは空気量を減じるので,必要酸素量は酸素1 kg当たり-1 kgもしくは$-1/2\times22.41\div16.00=-0.70$ m³ₙと,負の値になる.また,窒素Nは燃焼時に$1/2\,N_2$に変わるだけなので酸素は必要とせず,生成物として窒素1 kg当たり1 kgもしくは$1/2\times22.41\div14.01=0.80$ m³ₙの窒素ガスを生成する.

表2.2に**標準乾き空気**の組成が示されている.それによると,標準乾き空気中の酸素の質量分率は0.232 [kg/kg],体積分率は0.210 [m³/m³]であるから,燃料が完全燃焼するのに必要な空気の量(**理論空気量**または**量論空気量**と呼ぶ)A_0 [kg/kg fuel] と A_0' [m³ₙ/kg fuel] は,

$$A_0 = O_0/0.232 = 11.48c + 34.2h + 4.31(s-o) \quad [\text{kg/kg fuel}] \quad (2.3)$$

$$A_0' = O_0'/0.210 = 8.89c + 26.5h + 3.33(s-o) \quad [\text{m}^3_\text{N}/\text{kg fuel}] \quad (2.4)$$

なお,sとoの係数には両者の平均値をとった.

表2.2 標準乾き空気の組成　　　　　(平均分子量28.97)

成分名	酸素	窒素	二酸化炭素	アルゴン	水素
分子式	O_2	N_2	CO_2	Ar	H_2
質量分率%	23.20	75.47	0.046	1.28	0.001
体積分率%	20.99	78.03	0.030	0.933	0.01

注)ほかにネオン,ヘリウム,クリプトン,キセノンが含まれるが,含有率は0.001%以下である.

[補足説明] 水素ガスでは $h = 1.0$, $c = s = o = n = a = 0.0$ であるから, 式 (2.1) より $O_0 = 7.94 \times 1.0 = 7.94$ kg/kg, 式 (2.3) より $A_0 = 7.94/0.232 = 34.2$ kg/kg となる.

炭化水素 (C_mH_n) では $c = 12.01m/(12.01m + 1.01n)$, $h = 1.01n/(12.01m + 1.01n)$, $s = o = n = a = 0.0$ であるから, つぎの式が得られる.

$$O_0 = \frac{2.66 \times 12.01m + 7.94 \times 1.01n}{12.01m + 1.01n} \cong 8.00 \times \frac{4m + n}{12.01m + 1.01n} \text{ [kg/kg]} \tag{2.5}$$

$$A_0 = \frac{8.00}{0.232} \times \frac{4m + n}{12.01m + 1.01n} \cong 34.5 \times \frac{4m + n}{12.01m + 1.01n} \text{ [kg/kg]} \tag{2.6}$$

気体燃料の場合, 構成元素の質量分率 c, h, o などを使うよりは, 混合気体である燃料ガス中の各成分ガスの体積分率 $\{H_2\}$, $\{CO\}$, $\{CH_4\}$ [m³/m³] などを使う方が便利なことが多い. そこで, 燃料ガスを構成する成分ガスの完全燃焼表を表 2.3 に示しておく. この表を使って理論酸素量 O_0'' と理論空気量 A_0'' とを計算すると, つぎのようになる.

$$O_0'' = 0.5\{H_2\} + 0.5\{CO\} + 2.0\{CH_4\} + \cdots\cdots - \{O_2\} \text{ [m}^3_N/\text{m}^3_N] \tag{2.7}$$

$$A_0'' = O_0''/0.210 = 2.38\{H_2\} + 2.38\{CO\} + 9.52\{CH_4\} \\ + \cdots\cdots - 4.76\{O_2\} \text{ [m}^3_N/\text{m}^3_N] \tag{2.8}$$

なお, $\{H_2\}$, $\{CO\}$ などの値には小数を使い, パーセントの数値を使わないよう注意されたい.

[補足説明] 水素 (H_2) は 1m³$_N$ 当たり 1/2 m³$_N$ の酸素 (O_2) と反応して, 1m³$_N$ の水蒸気 (H_2O) を生成物として生成する. したがって, 理論酸素量 (量論酸素量) O_0'' は 0.5 m³$_N$/m³$_N$ である. 標準乾き空気中の酸素の体積分率は 21.0% なので, 理論空気量 (量論空気量) A_0'' は 0.5÷0.210 = 2.38 m³$_N$/m³$_N$ となる. この内 0.5 m³$_N$ の酸素ガスを除いた 2.38−0.5 = 1.88 m³$_N$/m³$_N$ は窒素ガスを中心とする不活性ガスであり, これに生成した水蒸気 1 m³$_N$ を加えた 2.88 m³$_N$/m³$_N$ が理論的に発生する燃焼ガスの総体積, すなわち理論湿り燃焼ガス体積 V_{wo}'' ということになる. 燃焼ガスをガス分析に掛けるときには除湿剤カラムを通して水蒸気を取り除き, これを理論乾き燃焼ガス体積 V_{do}'' と称するが, この操作で 1 m³$_N$ の燃焼生成ガス (水蒸気) が除去され, $V_{do}'' = 2.88 - 1.00 = 1.88$ m³$_N$/m³$_N$ となる.

燃料ガスに含まれる酸素 O_2 は外部から供給すべき酸素量あるいは空気量を減じるので, 必要酸素量は -1 m³$_N$ となる. すなわち理論 (量論) 酸素量 $O_0'' = -1.0$ m³$_N$/m³$_N$, 理論 (量論) 空気量 $A_0'' = -1.0 \div 0.210 = -4.76$ m³$_N$/m³$_N$ で

表2.3 気体燃料を構成する成分ガスの完全燃焼表

燃料	燃焼反応	O_0'' [m³/m³]	A_0'' [m³/m³]	V_{wo}'' [m³/m³]	V_{do}'' [m³/m³]	H_h'' [MJ/m³]	H_l'' [MJ/m³]
水素	$H_2 + 0.5\,O_2 = H_2O$	0.5	2.38	2.88	1.88	12.75	10.79
一酸化炭素	$CO + 0.5\,O_2 = CO_2$	0.5	2.38	2.88	2.88	12.63	12.63
メタン	$CH_4 + 2\,O_2 = CO_2 + 2\,H_2O$	2.0	9.52	10.52	8.52	39.72	35.79
アセチレン	$C_2H_2 + 2.5\,O_2 = 2\,CO_2 + H_2O$	2.5	11.91	12.41	11.44	58.00	56.04
エチレン	$C_2H_4 + 3\,O_2 = 2CO_2 + 2\,H_2O$	3.0	14.29	15.29	13.29	62.95	59.03
エタン	$C_2H_6 + 3.5\,O_2 = 2\,CO_2 + 3\,H_2O$	3.5	16.67	18.17	15.17	69.64	63.76
プロピレン	$C_3H_6 + 4.5\,O_2 = 3\,CO_2 + 3\,H_2O$	4.5	21.44	22.94	19.94	91.82	85.93
プロパン	$C_3H_8 + 5\,O_2 = 3CO_2 + 4\,H_2O$	5.0	23.82	25.82	21.82	99.00	91.15
1-ブチレン	$C_4H_8 + 6\,O_2 = 4CO_2 + 4\,H_2O$	6.0	28.59	30.59	26.59	121.3	113.4
n-ブタン	$C_4H_{10} + 6.5\,O_2 = 4CO_2 + 5H_2O$	6.5	30.97	33.47	28.47	128.4	118.5
ベンゼン	$C_6H_6 + 7.5\,O_2 = 6\,CO_2 + 3\,H_2O$	7.5	35.73	37.23	34.23	147.3	141.4
炭化水素	$C_mH_n + (m+n/4)O_2$ $= mCO_2 + (n/2)H_2O$	$m+n/4$	$4.76(m+n/4)$	$4.76\,m + 1.44\,n$	$4.76\,m + 0.94\,n$	—	—
酸素	$O_2 - O_2 = 0$	−1.0	−4.76	−3.76	−3.76	0	0
窒素	$N_2 = N_2$	0	0	1	1	0	0
二酸化炭素	$CO_2 = CO_2$	0	0	1	1	0	0
水蒸気	$H_2O = H_2O$	0	0	1	0	0	−1.96

ある.ところが,この酸素が作り出す生成物は空気中の酸素ガスの場合と同様,他の成分ガスの生成物としてカウントされるので,理論湿り燃焼ガス体積 V_{wo}'' は(供給しなくて済んだ空気中の不燃成分),すなわち $-(4.76-1.0) = -3.76$ m³N/m³N,理論乾き燃焼ガス体積 V_{do}'' も同じく -3.76 m³N/m³N ということになる.燃料ガスに含まれる窒素 N_2 と二酸化炭素 CO_2 は燃焼時に酸素を必要とせず,そのままの形で生成物に加わって理論湿り燃焼ガスと理論乾き燃焼ガスの体積を 1.0 m³N/m³N だけ増加させる.燃料ガス中の水蒸気も同様であるが,こちらは理論乾き燃焼ガスの体積は増加させない[*2].

2.1.2 混合比と混合気濃度の表示法

混合比と混合気濃度の表示法としては,a.燃空比 (F/A),b.空燃比 (A/F),c.当量比 ϕ,d.空気比(空気過剰率)α などがあり,以下のよう

---

*2) 理論湿り燃焼ガス体積や理論乾き燃焼ガス体積は 2.2 節で扱うべきものであるが,表 2.3 の説明のために,ここで予備的な説明を行った.2.2 節で詳しく説明する.なお本章では,O,A,V_d,V_w の対応関係を明確にするため,[kg/kg fuel]の単位を持ったものは標識なし,[m³N/kg fuel]の単位を持ったものは「′」,[m³N/m³N fuel]の単位を持ったものは「″」の標識をつける.代入をするときに,標識の一致するものを選択するように注意されたい.添字の 0 や t は"理論値"を意味する.

に定義される.

a. 燃空比（F/A）［kg/kg］ 気体燃料の予混合燃焼では燃料と空気の質量比，拡散燃焼や液体・固体燃料の燃焼では燃料と空気の供給質量比と定義される．理論混合比（量論混合比）を燃空比で表したものを**理論燃空比（量論燃空比）**$(F/A)_{st}$ と呼び，$1/A_0$ に等しい．

b. 空燃比（A/F）［kg/kg］ 燃空比（F/A）の逆数である．**理論空燃比（量論空燃比）**$(F/A)_{st}$ は A_0 に等しい．C_nH_{2n} なる平均分子式を持つ石油系燃料の $(A/F)_{st}$ は 14.8 である．

燃空比と空燃比は絶対的な混合の比率を表すものであるが，当該混合気が理論混合比に比べてどの程度濃いか薄いかを相対的に表示したいときには，つぎの当量比と空気比が使われる．

c. 当量比 ϕ 1 kg の空気に対して理論量の何倍の燃料が供給されたかを表す量で，

$$\phi = \frac{(F/A)}{(F/A)_{st}} \tag{2.9}$$

と定義される．$\phi < 1$ の燃焼を**希薄燃焼**，$\phi > 1$ の燃焼を**過濃燃焼**という．

d. 空気比 α 1 kg の燃料に対して理論量の何倍の空気が供給されたかを表す量で，

$$\alpha = \frac{(A/F)}{(A/F)_{st}} = \frac{1}{\phi} \tag{2.10}$$

と定義される[*3]．内燃機関では**空気過剰率**と呼ぶことが多い．理論空気量 A_0 が分かっている場合に空気比 α の値が指定されると，燃料 1 kg 当たりの供給空気量 A は，

$$A = \alpha \cdot A_0 \tag{2.11}$$

なお気体燃料では，燃料と空気の体積比［m³/m³］や燃料の体積百分率［%］が使われることもある．

【例題 2-1】 ある炉に灯油 1 kg 当たり空気を 18 kg の割合で供給したという．このとき燃空比，空燃比，当量比，空気比はいかほどか．ただし，灯油の元素分析を行ったところ，$c = 0.846$，$h = 0.154$ で，それ以外の成分は検出されな

[*3] 習慣上，空気比に"m"という記号を割り当てる例が多いが，本書では質量分率と区別するために"a"を割り当てた．

かったという.

[解] 式 (2.3) より,
$$A_0 = (A/F)_{st} = 11.48c + 34.2h + 4.31(s - o)$$
$$= 11.48 \times 0.846 + 34.2 \times 0.154 = 14.98 \text{ kg/kg}$$
$$A = (A/F) = a(A/F)_{st} = 14.98a = 18.0 \text{ kg/kg}$$
∴ 燃空比 $(F/A) = 1/(A/F) = 1/A = 1/18.0 = 0.0556$ kg/kg,
空燃比 $(A/F) = 18.0$ kg/kg,
空気比 $a = A/A_0 = 18.0/14.98 = 1.20$ kg/kg,
当量比 $\phi = 1/a = 0.832$

【例題 2-2】 メタンを空気比 1.1 で燃焼させたい.そのためには,メタン 1 m³ 当たり何 m³ の空気を供給しなければならないか.

[解] 式 (2.8) より, $A_0'' = 9.53\{CH_4\}$ [m³/m³].
また, 題意より $\{CH_4\} = 1$, $a = 1.1$
∴ $A_0'' = 9.53 \times 1 = 9.53$ m³${}_N$/m³${}_N$,
$A'' = aA_0'' = 1.1 \times 9.53 = 10.48$ m³${}_N$/m${}_N^3$.

【例題 2-3】 高炉ガス [CO_2 11%, CO 27%, H_2 2%, N_2 60% (by vol.)] の理論酸素量と理論空気量 [m³${}_N$/m³${}_N$] を計算せよ.

[解] 題意より, $\{CO_2\}=0.11$, $\{CO\}=0.27$, $\{H_2\}=0.02$, $\{N_2\}=0.60$
式 (2.7) より,
$O_0'' = 0.5\{H_2\} + 0.5\{CO\} = 0.5 \times 0.02 + 0.5 \times 0.27 = 0.145$ m³${}_N$/m³${}_N$.
式 (2.8) より,
$A_0'' = O_0''/0.210 = 0.690$ m³${}_N$/m³${}_N$.

2.2 燃焼ガスの発生量と組成の計算

1 kg の燃料が燃焼したときに生成する燃焼ガスの質量 G_w [kg/kg] を**湿り燃焼ガス質量**,体積 V_w' [m³${}_N$/kg] を**湿り燃焼ガス体積**と呼ぶ.また,燃焼ガスから水蒸気を取り除いた質量 G_d [kg/kg] を**乾き燃焼ガス質量**,体積 V_d' [m³${}_N$/kg] を**乾き燃焼ガス体積**と呼ぶ.さらに理論混合比で燃焼させたときのそれぞれの値を G_{w0}, V_{w0}', G_{d0}, V_{d0}' と書き表し,**理論湿り燃焼ガス質量,理論湿り燃焼ガス体積**などと呼ぶ[*4].仕事や伝熱に関与するのは湿り燃焼ガスであるが,ガス分析は水蒸気を除去してから行うので,仮想的な乾き燃焼ガス量を考える必要が出てくる.

---

*4) 量論湿り燃焼ガス質量,量論湿り燃焼ガス体積などと呼ばれることもある.

2.2 燃焼ガスの発生量と組成の計算

湿り燃焼ガス質量 G_w と理論湿り燃焼ガス質量 G_{w0} は，反応前後の質量保存則より，

$$G_{w0} = 1 + A_0 = 1 + 11.48c + 34.2h + 4.31(s-o) \quad [\text{kg/kg}] \quad (2.12)$$

$$G_w = 1 + A = 1 + a \cdot A_0 = 1 + a[11.48c + 34.2h + 4.31(s-o)] \quad [\text{kg/kg}] \quad (2.13)$$

乾き燃焼ガス質量 G_d と理論乾き燃焼ガス質量 G_{d0} は，上式から水蒸気の発生量 $G_s(=8.94h+w)$ を差し引けばよいから，

$$\begin{aligned}G_{d0} &= G_{w0} - (8.94h+w) \\ &= 1 + 11.48c + 25.3h + 4.31(s-o) - w \quad [\text{kg/kg}] \quad (2.14)\end{aligned}$$

$$\begin{aligned}G_d &= G_w - (8.94h+w) \\ &= 1 + a[11.48c + 34.2h + 4.31(s-o)] \\ &\quad - 8.94h - w \quad [\text{kg/kg}] \quad (2.15)\end{aligned}$$

つぎに，湿り燃焼ガス体積 V_w' と乾き燃焼ガス体積 V_d' について考える。いままでは完全燃焼の場合のみを取り扱ったが，ここでは不完全燃焼によって一酸化炭素が発生することも考慮する。そのため燃料中の炭素のうち一酸化炭素に変わった割合 ξ をつぎのように定義する。

$$\xi = \frac{(\text{CO})}{(\text{CO}) + (\text{CO}_2)} \quad (2.16)$$

ただし，(CO) と (CO_2) は乾き燃焼ガス中の CO と CO_2 の体積分率 [m³/m³] である*[5]。液体または固体燃料を空気比 $a\,(>1)$ で燃焼させた場合の各燃焼ガス成分の発生量を計算するためのデータを表2.4 に示す。

表 2.4　燃焼ガス成分の発生量*

成分名	分子式	燃料1 kg 当たり発生量 [m³$_N$]
二酸化炭素	CO_2	$(22.41/12.01)c(1-\xi) = 1.87c(1-\xi)$
一酸化炭素	CO	$(22.41/12.01)c\xi = 1.87c\xi$
水　蒸　気	H_2O	$(22.41/2.02)h + (22.41/18.02)w = 11.12h + 1.24w$
窒　　　素	N_2	$0.790aA_0' + (22.41/28.02)n = 0.790aA_0' + 0.80n$
酸　　　素	O_2	$0.21(a-1)A_0' + 0.5(22.41/12.01)c\xi = 0.21(a-1)A_0' + 0.93c\xi$
二酸化硫黄	SO_2	$(22.41/32.06)s = 0.70s$

* A_0' は理論空気量 [m³$_N$/kg] で，式 (2.4) を代入する。

---

*5) (CO) や (CO_2) は百分率値で表示されることも多いが，計算に使う際には小数に直してから代入した方が誤りが少なくなる（分母・分子で次数が異なるとき2けた以上間違った結果を与える）。

[補足説明] 燃料 1 kg 中に含まれた c [kg] の炭素が完全燃焼すると,$22.41(c/12.01)$ [m³$_N$] の CO_2 が生成される.そのとき不完全燃焼が起こると,ξ の割合の C が CO に,残り $(1-\xi)$ の割合が CO_2 になるが,CO と CO_2 を合わせた体積はもとと変わらない.h [kg] の水素からは $22.41(h/2.02)$ [m³$_N$] の水蒸気が発生するが,燃料中の全水分 w [kg] が蒸発して $22.41(w/18.02)$ [m³$_N$] の水蒸気となり,これに加わる.燃料 1 kg 当たり $A' = \alpha A_0'$ [m³$_N$] の空気が供給されるが(A_0' は式 (2.4) で計算する),それに含まれる 79.0% の窒素すべてと,燃料中の窒素分 n がガス化して発生した $22.41(n/28.02)$ [m³$_N$] の窒素ガスが生成物に回る.過剰に与えた酸素は $0.21(\alpha-1)A_0'$ [m³$_N$] であるが,これに炭素の不完全燃焼が生じたために使い残された酸素(CO の発生体積の 1/2)が加わって生成物に回る.燃料中の硫黄分 s から発生する SO_2 の体積は $22.41(s/32.06)$ [m³$_N$] である.

燃料 1 kg から発生する湿り燃焼ガスの体積 V_w' [m³$_N$/kg] は,表 2.4 に含まれる全成分ガスについての和であるから(式中の A_0' には式 (2.4) を代入する),

$$V_w' = (\alpha - 0.210)A_0' + (1.87 + 0.93\xi)c + 11.12h \\ + 0.80n + 0.70s + 1.24w \quad [\text{m}^3_N/\text{kg}] \tag{2.17}$$

乾き燃焼ガスの体積 V_d' [m³$_N$/kg] は水蒸気の欄を除いて加算した成分ガス体積の和であるから,

$$V_d' = (\alpha - 0.210)A_0' + (1.87 + 0.93\xi)c + 0.80n + 0.70s \quad [\text{m}^3_N/\text{kg}] \tag{2.18}$$

理論湿り燃焼ガス体積 V_{w0}' と理論乾き燃焼ガス体積 V_{d0}' は,両式に式 (2.4) を代入した上で $\alpha = 1$, $\xi = 0$ とおいて,

$$V_{w0}' = 8.89c + 32.1h + 0.80n - 2.63o + 3.33s + 1.24w \quad [\text{m}^3_N/\text{kg}] \tag{2.19}$$

$$V_{d0}' = 8.89c + 20.9h + 0.80n - 2.63o + 3.33s \quad [\text{m}^3_N/\text{kg}] \tag{2.20}$$

ここで,完全な元素分析の結果を使う式 (2.18) の計算からではなく,煙道ガスの分析結果と燃料中の炭素分率 c を用いるだけで,乾き燃焼ガス体積 V_d' が容易に見積もれることを示そう.CO と CO_2 の発生量の和は $[(CO) + (CO_2)]V_d'$ であるが,表 2.4 によると,これは $1.87c(1-\xi) + 1.87c\xi = 1.87c$ に等しいから,V_d' は次式で計算することができるはずである.

$$V_d' = \frac{1.87c}{(CO) + (CO_2)} \quad [\text{m}^3_N/\text{kg}] \tag{2.21}$$

これに表 2.4 の水蒸気量を加えると,つぎのように V_w' の式が得られる.

$$V_{\mathrm{w}}' = \frac{1.87c}{(\mathrm{CO}) + (\mathrm{CO_2})} + 11.12h + 1.24w \quad [\mathrm{m^3_N/kg}] \qquad (2.22)$$

乾き燃焼ガス中の成分ガスの体積分率 $(\mathrm{CO_2})$, (CO), $(\mathrm{N_2})$, $(\mathrm{O_2})$, $(\mathrm{SO_2})$, ならびに水蒸気と乾き燃焼ガスの体積割合 $(\mathrm{H_2O})$ は, 表 2.4 の各成分ガス発生量を式 (2.18) もしくは式 (2.21) で計算される V_{d}' で割ることにより求められる. また, 式 (2.17) もしくは式 (2.22) で計算される V_{w}' で割れば, 湿り燃焼ガスの体積構成が得られる.

気体燃料に対しては, 燃料中の成分ガスの体積分率 ($\{\mathrm{H_2}\}$, $\{\mathrm{CO}\}$ など) を用いて, 燃料ガス 1 $\mathrm{m^3_N}$ 当たりの燃焼ガス発生体積を計算する方が好都合である. この場合に対して, 燃焼ガス成分の発生量を計算すると, 表 2.5 のようになる. 二酸化炭素と一酸化炭素は C を一つ持つ燃料ガス成分からは同じ体積が, N_{C} 個持つ成分からは N_{C} 倍の体積が発生する. 燃料ガスに含まれる全成分にわたる N_{C} の平均値を N_{Cm} とすると, 1 $\mathrm{m^3_N}$ の燃料ガスから発生する $\mathrm{CO_2} + \mathrm{CO}$ の合計体積 $V_{\mathrm{d}}''[(\mathrm{CO_2}) + (\mathrm{CO})]$ は,

$$\begin{aligned}V_{\mathrm{d}}''[(\mathrm{CO_2}) + (\mathrm{CO})] &= N_{\mathrm{Cm}} \\ &= \{\mathrm{CO_2}\} + \{\mathrm{CO}\} + \{\mathrm{CH_4}\} + 2\{\mathrm{C_2H_2}\} \\ &\quad + 3\{\mathrm{C_3H_6}\} + 4\{\mathrm{C_4H_{10}}\} + \cdots\cdots \end{aligned} \qquad (2.23)$$

水蒸気は H を二つ持つ成分からは同体積, N_{H} 個持つ成分からは $1/2 N_{\mathrm{H}}$ 倍発生する. 全成分にわたる N_{H} の平均値を N_{Hm} とすると, 1 $\mathrm{m^3_N}$ の燃料ガスから発生する $\mathrm{H_2O}$ の合計体積 $V_{\mathrm{d}}'' \cdot (\mathrm{H_2O})$ は,

$$\begin{aligned}V_{\mathrm{d}}'' \cdot (\mathrm{H_2O}) &= (1/2) N_{\mathrm{Hm}} \\ &= \{\mathrm{H_2}\} + \{\mathrm{H_2O}\} + 2\{\mathrm{CH_4}\} + 3\{\mathrm{C_2H_6}\} \\ &\quad + 4\{\mathrm{C_3H_8}\} + 5\{\mathrm{C_4H_{10}}\} + \cdots\cdots \end{aligned} \qquad (2.24)$$

表 2.5 燃焼ガス成分の発生量 (気体燃料)*

成分名	分子式	燃料 1 $\mathrm{m^3_N}$ 当たり発生量 [$\mathrm{m^3_N}$]
二酸化炭素と一酸化炭素	$\mathrm{CO_2}+$ CO	$\{\mathrm{CO}\}+\{\mathrm{CO_2}\}+\{\mathrm{CH_4}\}+2\{\mathrm{C_2H_2}\}+2\{\mathrm{C_2H_4}\}+2\{\mathrm{C_2H_6}\}+3\{\mathrm{C_3H_6}\}$ $+3\{\mathrm{C_3H_8}\}+4\{\mathrm{C_4H_8}\}+4\{\mathrm{C_4H_{10}}\}+6\{\mathrm{C_6H_6}\}+\cdots\cdots (\equiv N_{\mathrm{Cm}})$
水 蒸 気	$\mathrm{H_2O}$	$\{\mathrm{H_2}\}+\{\mathrm{H_2O}\}+2\{\mathrm{CH_4}\}+\{\mathrm{C_2H_2}\}+2\{\mathrm{C_2H_4}\}+3\{\mathrm{C_2H_6}\}+3\{\mathrm{C_3H_6}\}$ $+4\{\mathrm{C_3H_8}\}+4\{\mathrm{C_4H_8}\}+5\{\mathrm{C_4H_{10}}\}+3\{\mathrm{C_6H_6}\}+\cdots\cdots (\equiv N_{\mathrm{Hm}}/2)$
窒 素	$\mathrm{N_2}$	$0.790\, \alpha A_0'' + \{\mathrm{N_2}\}$
酸 素	$\mathrm{O_2}$	$0.210\,(\alpha - 1)\, A_0'' + \xi N_{\mathrm{Cm}}/2$

* A_0'' は理論空気量 [$\mathrm{m^3_N/m^3_N}$] で, 式 (2.8) を代入する.

窒素は供給空気量 aA_0'' 中の窒素 79% と燃料ガス中の $\{N_2\}$ が燃焼ガスに移行する．酸素は過剰に供給した酸素 $0.210(a-1)A_0''$ と不完全燃焼で発生した CO 体積 ξN_{Cm} の半分の和となる．なお，A_0'' には式 (2.8) を代入する．

燃料 $1\,m^3{}_N$ から発生する湿り燃焼ガス体積 V_w'' は表 2.5 中の全ガスの体積和であるから，

$$V_w'' = (a - 0.210)A_0'' + (1 + \xi/2)N_{Cm} + N_{Hm}/2 + \{N_2\} \quad [m^3{}_N/m^3{}_N] \quad (2.25)$$

また，乾き燃焼ガス体積 V_d'' は，水蒸気を除いた各成分ガス体積の和であるから，

$$V_d'' = (a - 0.210)A_0'' + (1 + \xi/2)N_{Cm} + \{N_2\} \quad [m^3{}_N/m^3{}_N] \quad (2.26)$$

理論湿り燃焼ガス体積 V_{w0}'' と理論乾き燃焼ガス体積 V_{d0}'' は，両式に式 (2.8)，式 (2.23)，式 (2.24) を代入した上で $a=1$, $\xi=0$ とおいて，

$$\begin{aligned}V_{w0}'' =\ & 2.88\{CO\} + 2.88\{H_2\} + \{CO_2\} + \{H_2O\} \\ & + \{N_2\} + 10.52\{CH_4\} + \cdots\cdots - 3.76\{O_2\} \quad [m^3{}_N/m^3{}_N]\end{aligned} \quad (2.27)$$

$$\begin{aligned}V_{d0}'' =\ & 2.88\{CO\} + 1.88\{H_2\} + \{CO_2\} + \{N_2\} \\ & + 8.52\{CH_4\} + \cdots\cdots - 3.76\{O_2\} \quad [m^3{}_N/m^3{}_N]\end{aligned} \quad (2.28)$$

また，式 (2.23) を変形することによっても，煙道ガス分析データの (CO_2) と (CO) から乾き燃焼ガス体積 V_d'' を計算する式が，つぎのように得られる．

$$V_d'' = \frac{N_{Cm}}{(CO_2)+(CO)} \quad [m^3{}_N/m^3{}_N] \quad (2.29)$$

これに式 (2.24) で計算される水蒸気の発生量 $V_d''\cdot(H_2O)$ を加えると，湿り燃焼ガス体積 V_w'' は，

$$V_w'' = \frac{N_{Cm}}{(CO_2)+(CO)} + \frac{1}{2}N_{Hm} \quad [m^3{}_N/m^3{}_N] \quad (2.30)$$

乾き燃焼ガス中の成分ガスの体積分率 (CO_2), (CO), (N_2), (O_2), ならびに水蒸気と乾き燃焼ガスの体積割合 (H_2O) は，表 2.5 の各成分ガス発生量を式 (2.26) もしくは式 (2.29) で計算される V_d'' で割ることにより求められる．また，式 (2.25) もしくは式 (2.30) で計算される V_w'' で割れば，湿り燃焼ガスの体積構成が得られる．

【例題 2-4】 例題 2-3 の高炉ガスの理論湿り燃焼ガス量と理論乾き燃焼ガス量 $[m^3{}_N/m^3{}_N]$ を計算せよ．

[解] 式 (2.27) より, $V_{wo}'' = 2.88\{CO\} + 2.88\{H_2\} + \{CO_2\} + \{N_2\}$
$= 2.88 \times 0.27 + 2.88 \times 0.02 + 0.11 + 0.60$
$= 1.545 \text{ m}^3_N/\text{m}^3_N$.

式 (2.28) より, $V_{do}'' = 2.88\{CO\} + 1.88\{H_2\} + \{CO_2\} + \{N_2\}$
$= 2.88 \times 0.27 + 1.88 \times 0.02 + 0.11 + 0.60$
$= 1.525 \text{ m}^3_N/\text{m}^3_N$

2.3 燃焼管理のための空気比の計算

煙道ガスもしくは排ガスの分析データを用いて,炉や内燃機関がどのような空気比 a で運転されているかを知ることは熱管理技術の重要な課題である.オルザートの吸収式分析計で排ガス分析を行うと,乾き燃焼ガス中の成分ガスの体積分率 (CO_2), (O_2), (CO), (N_2) が得られるし,二三の連続自動分析計を組み合わせても同様のデータが記録される.燃料の元素分析データ c, h, s, o, n, a が与えられていれば,式 (2.21) に c, (CO_2), (CO) の値を代入することにより,乾き燃焼ガス体積 V_d' $[\text{m}^3_N/\text{kg}]$ が得られる. 1 kg の燃料からできる CO, N_2, O_2 の体積は $V_d' \cdot (CO)$, $V_d' \cdot (N_2)$, $V_d' \cdot (O_2)$ であるが,これらの値は表 2.4 に与えられているので,等置することにより,

$$V_d' \cdot (CO) = 1.87 c\xi \tag{2.31}$$

$$V_d' \cdot (N_2) = 0.790 a A_0' + 0.80 n \tag{2.32}$$

$$V_d' \cdot (O_2) = 0.210 (a-1) A_0' + 0.93 c\xi \tag{2.33}$$

これら 3 式から $c\xi$ と A_0' を消去し, a について解くと,次式が得られる.

$$a = \frac{(N_2) - 0.80 n/V_d'}{(N_2) - 3.76\,[(O_2) - 0.5\,(CO)] - 0.80 n/V_d'} \tag{2.34}$$

上式中の V_d' には式 (2.21) を代入すればよい[*6]. $n \ll 1$ ならば,上式は簡単になって,

$$\frac{1}{a} \equiv \phi = 1 - \frac{3.76\,[(O_2) - 0.5\,(CO)]}{(N_2)} \tag{2.35}$$

$(CO) \fallingdotseq 0$, $(N_2) \fallingdotseq 0.79$ としてよい場合には,さらに簡単になって,

$$\frac{1}{a} \equiv \phi \cong 1 - \frac{(O_2)}{0.21} \tag{2.36}$$

[*6] 式 (2.31)〜式 (2.33) はそれぞれ,炭素 C,窒素 N,酸素 O の保存式にほかならないから,式 (2.34) はこれら 3 元素の保存則を総合して導き出されたことになる.

この結果によれば，(O_2) の連続測定を行うだけで，α の値を常時表示させることができる．

気体燃料の場合には，成分ガスの体積分率 $\{H_2\}$，$\{CO\}$，$\{CH_4\}$ などが与えられていて，式 (2.23) で N_{Cm} が計算できるならば，煙道ガスもしくは排ガスの分析データの内，(CO_2) と (CO) の値を式 (2.29) に代入することにより V_d'' が計算できる．表 2.5 を用いると，

$$V_d'' \cdot (CO) = \xi N_{Cm} \tag{2.37}$$

$$V_d'' \cdot (N_2) = 0.790 \alpha A_0'' + \{N_2\} \tag{2.38}$$

$$V_d'' \cdot (O_2) = 0.210 (\alpha - 1) A_0'' + \xi N_{Cm}/2 \tag{2.39}$$

これら 3 式から ξN_{Cm} と A_0'' を消去し，α について解くと，次式が得られる．

$$\frac{1}{\alpha} \equiv \phi = 3.76 \frac{(O_2) - 0.5(CO)}{(N_2) - \dfrac{\{N_2\}}{V_d''}} \tag{2.40}$$

V_d'' には式 (2.29) を代入すればよい[*7]．

【例題 2-5】 メタンを燃料とする炉があり，煙道から抽出した乾き燃焼ガスの分析を行ったところ，$(CO_2) = 0.086$，$(CO) = 0.009$，$(O_2) = 0.043$，$(N_2) = 0.862$ で，すすや未燃炭化水素は検出されなかったと言う．

(a) この炉はいかなる空気比で動作しているか．

(b) メタン $1\,m^3{}_N$ 当たりの乾き燃焼ガスと湿り燃焼ガスの発生量は何 $m^3{}_N$ か．

[解] (a) 題意より，
$(O_2) = 0.043$，$(CO) = 0.009$，$(CO_2) = 0.086$，$(N_2) = 0.862$，
$\{N_2\} = 0.000$

燃料は純メタンであるから，式 (2.23) から，$N_{Cm} = \{CH_4\} = 1.00$
式 (2.40) から，$1/\alpha = 1 - 3.76 [0.043 - 0.5 \times 0.009]/0.862 = 0.832$
∴ $\alpha = 1.000/0.832 = 1.202$

(b) 式 (2.29) と式 (2.30) より，
$V_d'' = 1/(0.086 + 0.009) = 10.53\,m^3{}_N/m^3{}_N\,\text{fuel}$，
$V_w'' = 10.53 + 4\{CH_4\}/2 = 12.53\,m^3{}_N/m^3{}_N\,\text{fuel}$

[*7] 式 (2.40) には (N_2) と $\{N_2\}$ が含まれている．前者は乾き燃焼ガス中の N_2 の体積分率，後者は燃料ガス中の N_2 の体積分率であるから，両者を混同しないように注意されたい．当然，パーセントの数値でなく，小数を使わなければならない．

2.4 燃料の発熱量と燃焼温度の計算

2.4.1 燃料の発熱量の計算

1 kg もしくは 1 m³$_N$ の燃料が断熱的に完全燃焼し,もとの温度まで冷却される際に発生する熱量を**発熱量**と呼ぶ.燃焼前後の温度が常温の場合,燃焼過程で反応または蒸発により発生した水蒸気の蒸発の潜熱も放出されるが,これを含めた熱量を**高発熱量(総発熱量)** $H_h(H_h'')$,含めない熱量を**低発熱量(真発熱量)** $H_l(H_l'')$ と呼ぶ.通常,水蒸気の蒸発の潜熱は利用できないので後者が使われることが多いが,国や分野によっては前者が使われ,熱効率に 10% 程度の差が生じる.$(H_h - H_l)$ または $(H_h'' - H_l'')$ の値は 1 kg もしくは 1 m³$_N$ の燃料から発生する水蒸気量 $G_s(G_s'')$ が分かれば,それに蒸発の潜熱 r (25°C において 2.44 MJ/kg) を掛けることによって得られるが,石油系燃料では H_l のほぼ 10% に当たる.

燃焼に関係のある分子や化合物の発熱量を他の熱化学的性質と併せて表 2.6 に示しておく.

気体燃料は多数の成分ガスの混合気体であることが多いが,その発熱量は表 2.3 の高発熱量と低発熱量の欄を用いて次のように計算される.

$$H_h'' = 12.75\{H_2\} + 12.63\{CO\} + 39.72\{CH_4\} + \cdots \quad [MJ/m^3_N] \qquad (2.41)$$

$$H_l'' = 10.79\{H_2\} + 12.63\{CO\} + 35.79\{CH_4\} + \cdots - 1.96\{H_2O\} \quad [MJ/m^3_N] \qquad (2.42)$$

液体燃料や固体燃料は複雑な分子構造を持ち,かつ多成分から成るので,元素分析データ (c, h, s, o) を用いて発熱量を計算することはできない.したがって,実測による以外にないが,0.4 MJ/kg 程度の誤差を覚悟するなら,つぎの**デューロンの経験式**を用いて概算できる.

$$H_h = 33.8c + 144.3(h - o/7.94) + 9.42s \quad [MJ/kg] \qquad (2.43)$$

$$H_l = H_h - 2.44 G_s = H_h - 2.44(8.94h + w)$$

$$\quad = 33.8c + 122.5h - 18.2o + 9.42s - 2.44w \quad [MJ/kg] \qquad (2.44)$$

ただし,w は全水分で,元素分析以後に付け加わったものとして扱っている.式 (2.43) の $(h - o/7.94)$ は**有効水素**と呼ばれることがあるが,習慣によるもので特に意味はない.

表 2.6 主要燃料の熱化学的性質表*

燃料名	分子式	状態	標準生成熱** [kJ/mol]	標準生成熱** [MJ/kg]	高発熱量** [kJ/mol]	高発熱量** [MJ/kg]	低発熱量** [kJ/mol]	低発熱量** [MJ/kg]	沸点† [°C]
水素	H_2	気体	0	0	285.8	141.8	241.8	120.0	−252.7
グラファイト	C	固体	0	0	393.5	32.76	393.5	32.76	
硫黄	S	〃	0	0	296.8	9.259	296.8	9.259	
一酸化炭素	CO	気体	−110.53	−3.946	283.0	10.10	283.0	10.10	−191.5
メタン	CH_4	〃	−74.87	−4.667	890.3	55.50	802.3	50.01	−161.5
エタン	C_2H_6	〃	−84.0	−2.794	1561	51.90	1429	47.51	−89.0
プロパン	C_3H_8	〃	−104.5	−2.370	2219	50.33	2043	46.34	−42.1
n-ブタン	C_4H_{10}	気体	−126.5	−2.176	2877	49.49	2657	45.71	} −0.5
〃	〃	液体	−147.5	−2.538	2856	49.13	2636	45.35	
n-ペンタン	C_5H_{12}	気体	−146.5	−2.030	3536	49.01	3272	45.35	} 36.1
〃	〃	液体	−173.2	−2.401	3509	48.64	3245	44.98	
n-ヘキサン	C_6H_{14}	気体	−167.1	−1.939	4195	48.68	3887	45.10	} 68.7
〃	〃	液体	−198.6	−2.305	4163	48.31	3855	44.74	
n-ヘプタン	C_7H_{16}	気体	−187.5	−1.871	4854	48.44	4502	44.93	} 98.4
〃	〃	液体	−224.0	−2.235	4817	48.08	4465	44.56	
n-オクタン	C_8H_{18}	気体	−208.5	−1.825	5512	48.25	5116	44.79	} 125.7
〃	〃	液体	−250.0	−2.189	5471	47.89	5075	44.42	
n-デカン	$C_{10}H_{22}$	気体	−249.5	−1.754	6830	48.00	6346	44.60	} 174.1
〃	〃	液体	−300.9	−2.115	6778	47.64	6294	44.24	
n-ドデカン	$C_{12}H_{26}$	気体	−289.7	−1.701	8148	47.84	7576	44.48	} 216.3
〃	〃	液体	−350.9	−2.060	8087	47.48	7515	44.12	
n-ヘキサデカン (セタン)	$C_{16}H_{34}$	気体	−374.8	−1.655	10781	47.61	10033	44.30	} 286.8
〃	〃	液体	−456.1	−2.014	10699	47.25	9951	43.95	
エチレン	C_2H_4	気体	52.47	1.870	1411	50.30	1323	47.17	−103.7
プロピレン	C_3H_6	〃	20.2	0.480	2058	48.91	1926	45.78	−47.0
アセチレン	C_2H_2	〃	226.73	8.708	1300	49.91	1256	48.22	83.6
ベンゼン	C_6H_6	気体	82.9	1.061	3302	42.27	3170	40.58	} 80.1
〃	〃	液体	49.0	0.627	3268	41.83	3136	40.14	
シクロヘキサン	C_6H_{12}	気体	−123.3	−1.465	3953	46.97	3689	43.83	} 80.7
〃	〃	液体	−156.3	−1.857	3920	46.58	3656	43.44	
メタノール	CH_4O	気体	−201.6	−6.292	763.6	23.83	675.6	21.08	} 64.7
〃	〃	液体	−239.1	−7.462	726.1	22.66	638.1	19.91	
エタノール	C_2H_6O	気体	−234.8	−5.097	1410	30.60	1278	27.74	} 78.3
〃	〃	液体	−277.1	−6.015	1367	29.68	1235	26.82	

* 25°Cにおける蒸発の潜熱は気体と液体の標準生成熱の差である。
** 0.1 MPa, 25°Cにおける値。
† 1 atm (=0.1013 MPa) における値。

2.4 燃料の発熱量と燃焼温度の計算

【例題 2-6】 例題 2-3 の高炉ガスの高発熱量と低発熱量 $[\mathrm{MJ/m^3_N}]$ を計算せよ．

[解] 式 (2.41) と式 (2.42) より，
$H_h'' = 12.75\{H_2\} + 12.63\{CO\} = 12.75 \times 0.02 + 12.63 \times 0.27 = 3.665 \mathrm{~MJ/m^3_N}$
$H_l'' = 10.79\{H_2\} + 12.63\{CO\} = 10.79 \times 0.02 + 12.63 \times 0.27 = 3.626 \mathrm{~MJ/m^3_N}$

2.4.2 燃焼温度の計算

A．断熱理論燃焼温度 燃焼過程の間に，被加熱物の加熱に使われた熱量も含めて燃焼中のガスからの放熱が全くないとしたときの，燃焼ガスの最終温度を**断熱燃焼温度**または**断熱火炎温度**と呼ぶ．中でも，不完全燃焼や熱解離のない燃焼が起こるとしたときのそれを**断熱理論燃焼温度** T_{bt} と呼ぶ．ここでは，燃焼ガスの平均比熱を用いて断熱理論燃焼温度を計算する方法を説明する．

燃料 1 kg が完全燃焼して水蒸気が凝縮しなければ，低発熱量 H_l [kJ/kg fuel] だけが解放される．燃焼が断熱的に行われるならば，この熱はすべて湿り燃焼ガス G_w [kg/kg fuel] の温度上昇に使われ，顕熱に変わる．燃焼前の温度を T_0（$= 298 \mathrm{~K} = 25°\mathrm{C}$），温度区間 $T_0 \sim T_{bt}$ での燃焼ガスの定圧比熱 c_p の平均値を c_{pm} [kJ/(kg·K)] とする．すると熱のバランスから，

$$G_w \cdot c_{pm}(T_{bt} - T_0) = H_l \tag{2.45}$$
$$\therefore \quad T_{bt} = H_l/(G_w \cdot c_{pm}) + T_0 \tag{2.46}$$

気体燃料の場合は燃料 $1 \mathrm{~m^3_N}$ 当たりの低発熱量 H_l'' [$\mathrm{kJ/m^3_N}$] が与えられることが多いが，この場合は 0°C，1 atm における燃料の密度 ρ_F'' [$\mathrm{kg/m^3_N}$] を使って，1 kg 当たりの低発熱量 H_l [kJ/kg] に換算すればよい．あるいは式 (2.46) を湿り燃焼ガス体積 V_w'' [$\mathrm{m^3_N/m^3_N}$] と，燃焼ガス $1 \mathrm{~m^3_N}$ 当たりの熱容量と定義される定圧比熱 c_{pm}'' [$\mathrm{kJ/(m^3_N \cdot K)}$] を使って書き直す．すなわち，

$$T_{bt} = H_l''/(V_w'' \cdot c_{pm}'') + T_0 \tag{2.47}$$

式 (2.46) や式 (2.47) を計算する際の問題は，c_{pm} や c_{pm}'' が燃焼ガスの組成と温度によって変化することである．$c_{pm}(c_{pm}'')$ の見積りに必要となる完全燃焼ガス成分の温度区間 $T_0 \sim T$ [K] での平均定圧比熱を表 2.7 に示しておく．

計算に当たっては，T_{bt} を適当に仮定して，表 2.7 から i 番目の燃焼ガス成

表 2.7 完全燃焼ガス成分の T_0 ($=298.15$ K)〜T [K] 間の平均定圧比熱

T [K]	O₂		N₂		H₂		H₂O		CO₂		SO₂	
	kg*	m³ₙ*	kg*	m³ₙ*	kg*	m³ₙ*	kg*	m³ₙ*	kg*	m³ₙ*	kg*	m³ₙ*
1000	1.011	1.443	1.092	1.364	14.62	1.315	2.056	1.653	1.081	2.123	.7658	2.189
1200	1.031	1.472	1.113	1.391	14.74	1.326	2.124	1.707	1.121	2.200	.7870	2.249
1400	1.048	1.496	1.132	1.415	14.89	1.340	2.191	1.761	1.153	2.263	.8036	2.297
1600	1.063	1.517	1.149	1.436	15.07	1.355	2.256	1.813	1.179	2.316	.8169	2.335
1800	1.075	1.535	1.164	1.455	15.25	1.372	2.317	1.862	1.202	2.360	.8278	2.366
2000	1.087	1.551	1.178	1.472	15.43	1.388	2.374	1.908	1.221	2.397	.8370	2.392
2200	1.097	1.566	1.189	1.486	15.62	1.405	2.427	1.951	1.237	2.429	.8449	2.415
2400	1.107	1.580	1.200	1.499	15.80	1.421	2.476	1.990	1.252	2.458	.8517	2.434
2600	1.116	1.594	1.209	1.511	15.97	1.436	2.520	2.026	1.264	2.482	.8576	2.451
2800	1.125	1.606	1.217	1.522	16.13	1.451	2.562	2.059	1.275	2.504	.8630	2.466
3000	1.134	1.618	1.225	1.531	16.29	1.465	2.600	2.090	1.285	2.524	.8677	2.480

* kg 列の単位は kJ/(kg・K), m³ₙ 列の単位は kJ/(m³ₙ・K).

分の, 温度 T_0〜T_{bt} の区間の平均定圧比熱 $c_{pi}(c_{pi}'')$ を読み取る（必要なら直線内そうを行う）. そして, これをその成分の質量分率 m_i [kg/kg] もしくは体積分率 r_i [m³/m³] で荷重平均することにより, 燃焼ガスの平均定圧比熱 c_{pm} (c_{pm}'') を求める. すなわち,

$$c_{pm} = \sum_i (c_{pi} \cdot m_i), \quad c_{pm}'' = \sum_i (c_{pi}'' \cdot r_i) \tag{2.48}$$

ただし, m_i と r_i は i 番目の成分の質量分率と体積分率である. この c_{pm} (c_{pm}'') を用いて式 (2.46) もしくは式 (2.47) から T_{bt} を計算し, それが先に仮定した値と一致すればよい. 一致しなければ, 算出された T_{bt} の値を新しい仮定値として, $c_{pi}(c_{pi}'')$ の表の読み取りからやり直す.

【例題 2-7】 メタン（CH_4）を空気比 1.3 で燃焼させた場合の断熱理論燃焼温度 T_{bt} を計算せよ.

［解］ メタンは気体燃料であるが, 低発熱量を $H_l = 50.01 \times 10^3$ [kJ/kg fuel] と燃料 1 kg 当たりで与えて, 液体・固体燃料に対する計算法を適用する. 簡単のために, 酸素以外の乾き空気成分を窒素と見なすと, 完全燃焼反応はつぎのようになる.

$$CH_4 + 1.3 \times 2[O_2 + (0.79/0.21)N_2] = CO_2 + 2H_2O + 0.6O_2 + (1.3 \times 2 \times 0.79/0.21)N_2 \tag{R1}$$

とりあえず $T_{bt} = 2000$ K と仮定する. 反応式 (R1) を用いて, 燃料 1 kg から発生する湿り燃焼ガス成分の質量 [kg/kg fuel] を計算すると, 表 2.8 の

表 2.8 断熱理論燃焼温度の計算表

項　　目	単　　位	CO_2	H_2O	O_2	N_2
生 成 量	kg/kg CH_4	2.743	2.246	1.197	17.084
G_w	〃	\multicolumn{4}{c}{23.270}
質量分率 m_i	kg/kg	0.1179	0.0965	0.0514	0.7342
c_{pi} (298〜2000 K)	kJ/(kg·K)	1.221	2.374	1.087	1.178
$\sum_i (c_{pi} m_i)$	〃	\multicolumn{4}{c}{1.294}

第2行のようになる．その総和を取ると第3行の湿り燃焼ガス質量 G_w が得られる．各成分の質量を G_w で割れば，質量分率 m_i が求まる．各成分の298〜2000 K での平均定圧比熱 c_{pi} を表2.7から読み取る．式 (2.48) に基づいて m_i と c_{pi} の積の総和を取ると，$c_{pm} = 1.294$ kJ/(kg·K) が得られる．これらの計算結果をメタンの低発熱量 $H_l = 50.01 \times 10^3$ kJ/kg とともに式 (2.46) に代入すると，

$$T_{bt} = 50.01 \times 10^3/(23.27 \times 1.294) + 298 = 1959 \text{ K}$$

これは仮定した $T_{bt} = 2000$ K とは異なるので，仮定値を1959 K に変え，直線内挿により表2.7から c_{pi} を読み取って，同じ計算を繰り返すと $T_{bt} = 1964$ K を得る．

【例題2-8】 例題2-3の高炉ガスを空気比1.2で燃焼させたときの断熱理論燃焼温度 T_{bt} を計算せよ．

［解］ 題意より，$\{CO_2\}=0.11$, $\{CO\}=0.27$, $\{H_2\}=0.02$, $\{N_2\}=0.60$
例題2-3の解から，$O_0''=0.145$ m³$_N$/m³$_N$, $A_0''=0.690$ m³$_N$/m³$_N$
例題2-4の解から，$V_{wo}''=1.545$ m³$_N$/m³$_N$, $V_{do}''=1.525$ m³$_N$/m³$_N$
例題2-6の解から，$H_h''=3.665$ MJ/m³$_N$, $H_l''=3.626$ MJ/m³$_N$
空気比 $\alpha=1.2$ で燃焼させる場合の各成分の発生量を表2.5より計算すると，
　　CO_2：$\{CO\}+\{CO_2\}=0.27+0.11=0.380$ m³$_N$/m³$_N$ fuel
　　H_2O：$\{H_2\}=0.020$ m³$_N$/m³$_N$ fuel
　　N_2：$0.790\alpha A_0'' + \{N_2\} = 0.790 \times 1.2 \times 0.690 + 0.60$
　　　　　　　　　　　　　　　　　　　$= 1.261$ m³$_N$/m³$_N$ fuel
　　O_2：$0.210(\alpha-1)A_0'' = 0.210(1.2-1) \times 0.690 = 0.029$ m³$_N$/m³$_N$ fuel
　　V_w''：$0.380+0.020+1.261+0.029=1.690$ m³$_N$/m³$_N$ fuel
断熱理論燃焼温度 $T_{bt}=1600$ K と仮定して，表2.8と同様の計算表を作ると，下表のようになる．
以上の結果を式 (2.47) に代入する．

項　目	単　位	CO_2	H_2O	O_2	N_2
生 成 量	m^3_N/m^3_N fuel	0.380	0.020	0.029	1.261
V_w''	m^3_N/m^3_N fuel	\multicolumn{4}{c}{1.690}
体積分率 r_i	m^3/m^3	0.2249	0.0118	0.0172	0.7462
c_{pi}''(298〜1600 K)	$kJ/(m^3_N \cdot K)$	2.316	1.813	1.517	1.436
$\Sigma(c_{pi}''r_i)$	$kJ/(m^3_N \cdot K)$	\multicolumn{4}{c}{1.640}

$T_{bt} = H_l''/(V_w'' c_{pm}'') + T_0 = 3626/(1.690 \times 1.640) + 298 = 1606 \text{ K}$

これは仮定した $T_{bt} = 1600 \text{ K}$ とほぼ同じ値なので，答は $T_{bt} = 1606 \text{ K}$ としてよい．

燃焼前の温度が T_0 以外の温度 T_u であるときは，未燃混合気の比熱を c_{pu} [$kJ/(kg \cdot K)$] として，式 (2.46) をつぎのように書き直せばよい．

$$T_{bt} = [H_l + G_w \cdot c_{pu}(T_u - T_0)]/(G_w \cdot c_{pm}) + T_0 \qquad (2.49)^{*8)}$$

なお，空気比が1以下の過濃混合気に対しては，理論燃焼温度という概念そのものが適用できず，T_{bt} の計算もできない（一酸化炭素の発生を仮定して，定義を拡張することはできる）．

B．非断熱燃焼温度　　燃焼炉においては，被加熱物や水管による熱吸収，炉壁を通しての放熱損失，火炎や燃焼ガスからのふく射放熱などがあるために，炉出口での燃焼ガスの温度は断熱燃焼温度以下に低下してしまう．また，開放空間で燃焼する予混合火炎でも，少なくともふく射熱損失はあるから，断熱火炎ではありえない．ここでは，燃焼ガスから放熱がある場合の非断熱燃焼温度 T_{bna} を取り上げる．

燃料1kg当たり Q_l [kJ] の放熱損失（被加熱物の加熱に有効に使われた熱量（有効熱）も含む）があると，これは燃料の低発熱量が H_l から $(H_l - Q_l)$ に変わったのと同等の効果を持つ．したがって，式 (2.46) から次式が得られる．

$$T_{bna} = (H_l - Q_l)/(G_w \cdot c_{pm}) + T_0 \qquad (2.50)$$

燃焼前の温度が T_0（=298 K）ではなく，任意の温度 T_u の場合には，式 (2.49) を用いて，

$$T_{bna} = [(H_l - Q_l) + G_w \cdot c_{pu}(T_u - T_0)]/(G_w \cdot c_{pm}) + T_0 \qquad (2.51)$$

＊8)　この式は T_0 を基準温度とする未燃混合気の顕熱が低発熱量に加わるものとして作られている．

【例題 2-9】 例題 2-7 で計算した初期温度 298 K,空気比 1.3 のメタン-空気混合気を燃焼させる問題から断熱条件を取り除いて,低発熱量の 50% の放熱がある場合の燃焼ガス温度 T_{bna} を計算せよ.

[解] $T_{bna} = 1200$ K と仮定して,表 2.8 の c_{pi} の行を修正すると,
c_{pi} (298 K〜1200 K) = 1.121, 2.124, 1.031, 1.113 kJ/(kg·K) となり,
$c_{pm} = \sum(c_{pi} \cdot m_i) = 1.207$ kJ/(kg·K) が得られる.

例題 2-7 の計算結果を参照すると,
$H_l = 50.01 \times 10^3$ kJ/kg,
$Q_l = 0.5 H_l = 50.01 \times 10^3/2$ kJ/kg,$G_w = 23.27$ kg/kg.

これらの値を式 (2.51) に代入すると,
$$T_{bna} = (50.01 \times 10^3/2)/(23.27 \times 1.207) + 298 = 1188 \text{ K}$$
この値は仮定した $T_{bna} = 1200$ K とほぼ一致しているから,計算をやり直す必要はなく,答は $T_{bna} = 1188$ K である.

これから,低発熱量の 50% に相当する放熱があるときの理論燃焼温度は,断熱燃焼時より 1964−1188=776 K 低下することが分かる.

燃焼装置では火炎や燃焼ガスからの放熱だけでなく,不完全燃焼による発生熱量の減少も起こる.この場合には燃焼効率を η_c とすると,発生熱量は $\eta_c \cdot H_l$ となるので,これを式 (2.50) や式 (2.51) の H_l に置き換えればよい.例えば,式 (2.51) では,つぎのようになる.

$$T_{bna} = [(\eta_c \cdot H_l - Q_l) + G_w \cdot c_{pu}(T_u - T_0)]/(G_w \cdot c_{pm}) + T_0 \quad (2.52)$$

もちろん,不完全燃焼による燃焼ガス組成の変化を考慮して,c_{pm} の値を修正しておく必要がある.

2.5 熱解離と再結合—燃焼温度への影響

炭化水素燃料もしくは C-H-O-N 系燃料(硫黄を含まない)が完全燃焼する場合には,生成物は CO_2,H_2O,O_2,N_2 だけであるから(乾き空気中の微量成分は窒素と見なす),C,H,O,N の 4 元素の保存だけを考えれば燃焼ガスの組成は完全に決まり,燃料の低発熱量と顕熱上昇のバランスから燃焼温度が決定できる.それを具体的に行ったのが 2.2 節と 2.4.2 A 項であり,そのようにして計算された温度が**断熱理論燃焼温度**である.

ところが,燃焼ガスの温度が 1800 K を超えるあたりから**熱解離**と呼ばれる現象が目立つようになり,温度が上るほど CO や OH といった燃焼の中間生

成物の濃度が増して，3000 K 以上では中間生成物のガスの中に電子とイオンが分散した弱電離プラズマの状態に近付いてゆく．当然，発熱量と呼ばれる燃料の化学的エネルギーは完全には解放されず，上述の断熱理論燃焼温度よりは低い温度に留まる．ところが，熱放散によって燃焼ガスの温度が下がり始めると，解離を起こしていた分子の**再結合**が生じ，保留されていた燃焼熱を解放する．したがって，予混合火炎や拡散火炎の火炎面付近の温度は計算値より低く，それから離れて燃焼ガスの温度が下がり始めると，放熱損失の一部が再結合熱によって補われて，温度低下が緩慢になる．

このような理由から，高温の火炎では完全燃焼は起こらず，せいぜい化学平衡までしか反応が進まないが，そのときの最高温度を**断熱平衡燃焼温度** T_{be} と呼ぶ．もちろん，1500 K 以下にまで燃焼ガスの温度が下がると，すべての燃焼熱が解放されて，それ自身と周囲に放散される．

熱解離を起こしている燃焼ガス中には，少な目に見積もっても CO, CO_2, O_2, H_2, H_2O, OH, H, O, NO, N_2 の10成分が含まれる．そうすると，10成分の分圧を4元素の保存則から決めなければならなくなり，$10-4=6$ の自由度（自由に選べる量）が残ることになる．実際には6個の選択は自由ではなく，熱力学の平衡条件（等温・等圧の条件下ではギブスの自由エネルギーが極小値をとる）で決まってくる．そこで化学平衡定数を自由度の数（6個）だけ選択して，燃焼温度における値を使って10成分の分圧を決定することになる．そのような計算を**化学平衡計算**と呼ぶが，ここでは結果の概略だけを述べる（計算法の詳細と Fortran による計算コードについては文献(1)を参照されたい）．

一例として，エチレン（C_2H_4）と空気の理論混合気を 1 atm で燃焼させて，燃焼温度 T_b を種々に変化させた場合に，燃焼ガスの平衡組成が変化する様子を図 2.1 に示す．T_b が 2000 K 以下では，CO, H_2, O_2 などの中間生成物や解離成分の分圧は CO_2 や H_2O に比べて1けた以上小さいが，3000 K で逆転する．内燃機関や MHD（magnetohydro dynamics）などでは熱解離のため，火炎帯で低発熱量のすべてが開放されず，膨張して温度が下がるにつれて，徐々に残りの低発熱量が開放される様子が想像できるであろう．なお，石油の炭素-水素比はエチレンと同じなので，図 2.1 がそのまま当てはまる．

さらに，初期温度 298 K のメタン-空気混合気を 1 atm で燃焼させたときの断熱平衡燃焼温度 T_{be} を図 2.2 に示す．横軸には空気比 α をとり，断熱理論

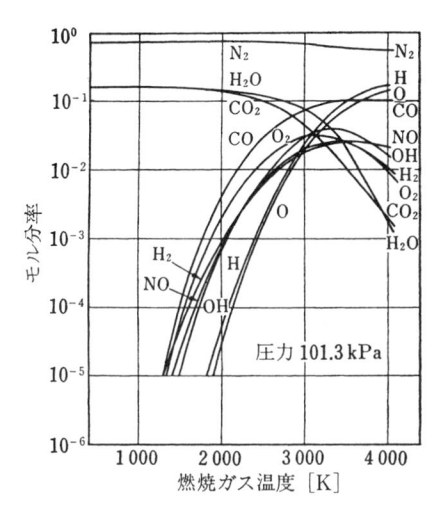

図 2.1 エチレン-空気理論混合気の平衡組成[1]

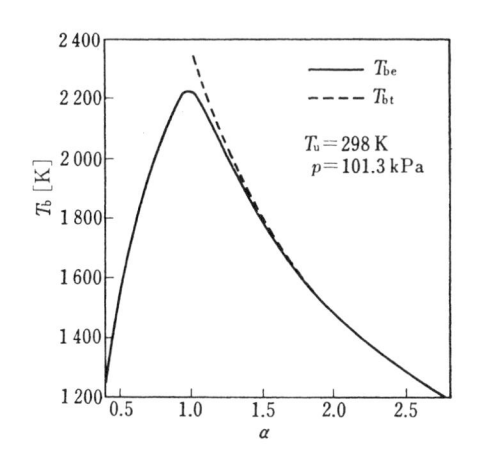

図 2.2 メタン-空気混合気の断熱平衡燃焼温度と理論断熱燃焼温度[1]

燃焼温度 T_{bt} も破線で記入されている. T_{bt} が 2000 K 以下だと T_{be} との差が 20 K どまりで, 熱解離の影響が小さいことが分かる. これは図 2.1 とも対応している. すなわち, 2000 K 以上では理論燃焼計算でなく, 化学平衡計算が必要となる.

2.6 燃焼効率の計算

炉，ボイラ，ガスタービン，エンジンなどにおいては，燃料の化学的エネルギーがすべて熱エネルギーに変るわけではないが，排気温度が1500 K以下の場合，熱解離は関係なく，不完全燃焼が原因となっている．一般に，燃焼機器におけるエネルギー損失の原因は，送入した燃料の燃焼熱が完全に解放されずに，不完全燃焼成分として排気されるか，せっかく解放された熱が廃熱損失や放熱損失として排気口や炉壁を通して無駄に逃げてしまうかの，いずれかである[*9]．前者を**不完全燃焼損失**と呼んで本節で扱い，後者を**熱損失**と呼んで，つぎの2.7節で取り扱う．

燃焼機器に供給された燃料の低発熱量 H_l と，実際に燃焼過程で発生した熱量 Q_c との差 $\Delta H_l (= H_l - Q_c)$ を**不完全燃焼損失**，$\eta_c = Q_c/H_l$ を**燃焼効率**という．未燃分の一部は**排気中未燃分**として排気とともに排出され，他は**燃えがら中未燃分**として，灰などの燃えがらとともに排出される．燃えがら中未燃分は大部分が火格子を通して灰溜まりにこぼれ落ちる石炭とチャーであり，微粉炭燃焼や噴霧燃焼で灰に含まれる可燃分（残炭）は排気中未燃分として扱うのが便利である．

排気中に含まれる未燃分としては，一酸化炭素，未燃炭化水素（UHC），すすとチャー，水素などがある．未燃炭化水素にはメタン，エチレン，エタン，プロパン，ブタンなどが含まれるが，これらを仮にエチレン（C_2H_4）で代表させると，

$$\Delta H_l = V_d'[12.63(CO) + 59.03(UHC) + 33.9(C) + 10.79(H_2)] + 33.9\Delta c \quad [\text{MJ/kg fuel}] \quad (2.53)$$

ここで，(C) は乾き燃焼ガス $1\,\text{m}^3_N$ に含まれるすすとチャーの質量 [kg/m^3_N]，Δc は燃えがら中未燃分の質量 [kg/kg fuel] で，それらの低発熱量を 33.9 MJ/kg とした．また，CO，C_2H_4，H_2 の低発熱量は表2.3からとった．

ガス分析等により不完全燃焼損失 ΔH_l の値が計算できれば，燃焼効率 η_c は

$$\eta_c = Q_c/H_l = 1 - \Delta H_l/H_l \quad (2.54)$$

で計算される．η_c の大体の範囲は，火格子燃焼炉や流動床燃焼炉で0.8〜

[*9] エンジンやガスタービンなどの熱機関では，熱エネルギーから機械的エネルギーへの変換効率を熱効率と呼ぶが，未変換分は，最終的には排気損失か放熱損失になる（熱力学の第一法則）．

0.97，微粉炭炉や重質油燃焼炉で0.9～0.98，ガス燃焼炉で0.95～0.99といったところで，燃料の質やNO_x低減対策などによっても，値が変わってくる．

2.7 熱勘定と熱効率の計算

2.7.1 熱勘定

燃焼機器は熱力学の「開いた系（流れ系）」に相当し，それに対するエネルギー保存則（第一法則）の計算を技術の現場に合わせて**熱勘定表**（入熱・出熱対照表）や**熱勘定図**（ベルト状フロー図）の形で行うことを，エネルギー管理技術において**熱勘定**（熱会計）と呼ぶ．熱力学においては標準温度と標準圧力を基準にしてエネルギーバランスを計算することになっており，エネルギー量も1秒当たり，1時間当たり，あるいは系への流入物質の単位量当たりで測定することになっている．また，系には必ず閉じた「境界」というものを設定し，エネルギーのフローが境界を横切った時点で，そのエネルギーの出入をカウントすることになっている．

一方，熱勘定においては，標準状態に対応するのが基準温度 θ_0 で，エネルギー（熱）量の計測は1時間当たり，1日当たり，1操業周期当たり，燃料の単位供給量当たりのいずれかで行うことになっている．独特なのは，供給燃料の持ち込む燃焼熱（化学的エネルギー）を低発熱量 H_l で評価するか（**低発熱量法**），高発熱量 H_h で評価するか（**高発熱量法**）で，排気中に含まれる燃焼起源の水蒸気が持ち出す蒸発潜熱をカウントしないか，するかが決まってくることである[*10]．それと，鉄の酸化熱のような正の反応熱を炉内発生熱としてではなく，入熱として扱うことにも注意を要する[*11]．

機械的エネルギーを発生したり，消費したりしない燃焼機器の熱勘定においては，熱力学のエネルギー保存則を機器に入ってくる**入熱**（流入エンタルピ

[*10] 低発熱量はすでに水蒸気の潜熱を差し引かれており，それを出口で出熱としてカウントすると，矛盾が生じる．ただ，燃料とは別に吹き込んだ水蒸気や乾燥で発生した水蒸気等，燃焼起源でない水蒸気の潜熱は，たとえ低発熱量法においても，排気出口で出熱としてカウントしなければならない．

[*11] これは，炉内発生熱を燃料の発熱量の増加分と見なすことに相当する．石灰やセメントのように吸熱反応を起こす被加熱物に対しては，負の反応熱（吸熱反応熱）を，被加熱物が持ち出す熱として出熱にカウントする．

ー）と**出熱**（流出エンタルピー）のバランスとして捉える．入熱としてカウントされる項目は，① 送入燃料の持ち込む顕熱と低/高発熱量，② 送入空気の持ち込む顕熱，③ 吹込み水蒸気の持ち込む保有熱（顕熱と潜熱の和），④ 被加熱物の持ち込む顕熱，⑤ 被加熱物の化学反応による発熱量，などである．

一方，出熱としてカウントされる項目は，① 被加熱物の持ち出す保有熱（顕熱と溶融/蒸発の潜熱の和で吸熱反応熱は除く），② 被加熱物の化学反応による吸熱量，③ 被加熱物から蒸発した水蒸気の持ち出す保有熱，④ 燃焼ガスの持ち出す熱量[*12)]，⑤ 不完全燃焼損失，⑥ 燃えがらの持ち出す保有熱（燃えがら中未燃分の燃焼熱を含む），⑦ 放熱損失，⑧ 蓄熱損失[*13)]，⑨ 吹き込み水蒸気の持ち出す保有熱，などである．

【例題 2-10】 ある鋼塊連続加熱炉に対して，表2.9に示すような熱勘定表が得られたという．この表に基づいてこの炉の熱勘定図を作成せよ．

表 2.9　鋼塊連続加熱炉の熱勘定表

入　熱	%	出　熱	%
燃料の保有熱	88	鋼塊の持ち出し顕熱	53
		放熱損失	19
空気の顕熱	9	回収前廃熱	(計 28)
（回収廃熱による予熱）		排ガスの顕熱	19
鋼塊の酸化熱	3	回収廃熱	9
計	100	計	100

［解］　図2.3のように作成する．ベルトの幅が熱量割合に比例するように，また熱の合流・分岐は鉄道線路のポイントのように滑らかに描く．

【例題 2-11】 平炉と，その排ガスの顕熱で動作する廃熱ボイラのそれぞれについて熱勘定を行ったところ，表2.10の結果を得た．この結果に基づいて，平炉と廃熱ボイラを総合した熱勘定図を描け．

［解］　まず，廃熱ボイラの熱勘定表を平炉排ガスの顕熱が27.5%になるように，すべての項目に27.5/97.0を掛けて修正する．しかる後，平炉の熱勘定図に廃熱ボイラの熱勘定図を連結して描くと，図2.4のような連結熱勘定図が得

[*12)] 高発熱量法では燃焼時に発生する水蒸気の保有熱を，低発熱量法ではその顕熱だけを乾き燃焼ガスの顕熱に加える．廃熱損失と呼ばれる．

[*13)] 燃焼機器が熱容量を持つことによる熱損失で，連続操業のときは無視してよい．被加熱物装入用の台車やチェーンの加熱に使われる熱量もこれに含める．

2.7 熱勘定と熱効率の計算   45

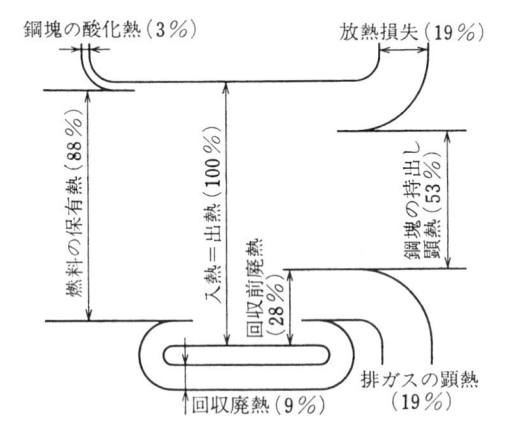

図 2.3 鋼塊連続加熱炉の熱勘定図[1]

表 2.10 廃熱ボイラ付き平炉の熱勘定表

平　炉				廃熱ボイラ			
入　熱	%	出　熱	%	入　熱	%	出　熱	%
燃料の保有熱	58.0	熔鋼の顕熱	36.0	平炉排ガス	97.0	水蒸気の	37.0
空気の顕熱	0.5	スラグ顕熱	8.0	の顕熱		保有熱	
鋼原料の顕熱	14.0	分　解　熱	5.0	給水の顕熱	3.0	排ガスの顕熱	57.0
鋼の酸化熱	27.5	排ガス顕熱	27.5			そ　の　他	6.0
		そ　の　他	23.5				
計	100	計	100	計	100	計	100

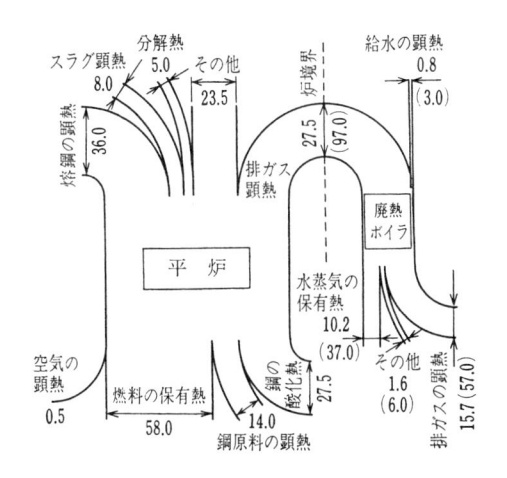

図 2.4 廃熱ボイラ付き平炉の熱勘定図

られる．

2.7.2 熱効率

被加熱物の加熱，乾燥，蒸発，熔融，動力発生など，炉や熱機関の操業目的に有効に使われた熱量のことを**有効熱量** Q_e と呼ぶ．炉の熱効率 η_t は Q_e と入熱の合計量 ΣQ_i の比,

$$\eta_t = Q_e / \Sigma Q_i \tag{2.55}$$

と定義される．しかし，実用的には Q_e と燃料の低発熱量 H_l の比

$$\eta_t^* = Q_e / H_l \tag{2.56}$$

を熱効率とすることが多い．

η_t は加熱装置としての炉の伝熱能力や動力発生装置としての熱機関のエネルギー変換能力を表し，η_t^* は燃料の発熱量の有効利用率を表す．製造プラントに対しては，**熱量原単位**といって，最終製品の単位量当たりの総消費熱量 [MJ/ton] を用いることが多い．

なお，有効熱量 Q_e としては，つぎのようなものを単独で，あるいは組み合わせて使う．

(1) 被加熱物の吸熱反応熱：セメント焼成のように被加熱物の吸熱反応を伴う炉に使用する．

(2) 出入口での流体の保有熱量差：ボイラのように流体の加熱・蒸発を目的とする炉に使用する．

(3) 乾燥水分の蒸発熱：乾燥機など被加熱物の乾燥を目的とする炉に使用する．

(4) 出入口における被加熱物の保有熱量差：固体被加熱物を高温の固体，もしくは溶融体の形で取り出す炉に使用する．

(5) 最高温度時と装入時の被加熱物の保有熱量差：耐火物や陶磁器の焼成，金属の焼鈍など，取り出し時には高温でなくともよい場合に，熱効率が不当に低く出るのを防ぐために使用する．

(6) 仕事に変換された熱量：熱機関に使用する．

熱効率の値は，ボイラでは 90% を超えるものも多いが，工業炉では 60% 以下のものが大部分で，10% を切るものも少なくない．特に異種装置間での格差が大きいが，装置の年式による差も大きい．

【例題 2-12】 2.0 MPa，370°C の水蒸気を 30 ton/h の割合で発生するボイラがある．このボイラの石炭燃焼量が 5.5 ton/h であるとき，その熱効率を計算せよ．ただし，石炭の低発熱量は 20.9 MJ/kg，発生水蒸気の比エンタルピー 3183 kJ/kg，20°C の給水の比エンタルピー 84 kJ/kg とする．

[解] 燃料 1 kg 当たり発生する水蒸気量を M kg とする．式 (2.56) において，
$M = (30\,\text{ton/h})/(5.5\,\text{ton/h}) = 5.45\,\text{kg/kg fuel}$, $H_l = 20.9\,\text{MJ/kg fuel}$.
$Q_e = M(h_o - h_i) = 5.45\,(3183 - 84) = 16.90 \times 10^3\,\text{kJ/kg fuel}$
$\quad = 16.90\,\text{MJ/kg fuel}$.
∴ $\eta_t^* = 16.90/20.90 = 0.809$．熱効率は 80.9% である．

【例題 2-13】 C_nH_{2n}（n は正の整数）なる平均分子式を持ち，低発熱量 $H_l = 41.8$ MJ/kg の炭化水素燃料を燃焼させる炉があり，空気比 α のいかんにかかわらず，煙道入口における排ガス温度は 900°C になるという．炉への入熱が有効熱量と廃熱損失だけに振り分けられるとして，この炉の熱効率と廃熱損失を α で表現する式を導け．ただし，燃料と空気の供給温度は 0°C，排ガスの定圧比熱 c_p は α に無関係に 1.21 kJ/(kg·K) で，炉内では完全燃焼が行われるものとする．

[解] 完全燃焼では
$\quad\quad\quad C_nH_{2n} \quad\quad + \quad (3/2)nO_2 \quad = nCO_2 + nH_2O$
$n(12.01 + 2 \times 1.008)\,\text{kg} \quad (3/2) \times 32.0n\,\text{kg}$
∴ $A_0 = (1/0.232) \times (3/2) \times 32.0n/[(12.01 + 2 \times 1.008)n]$
$\quad\quad = 14.75\,\text{kg/kg fuel}$.
$\quad G_w = 1 + \alpha A_0 = 1 + 14.75\alpha\,\text{[kg/kg fuel]}$
廃熱損失 $L_e = c_p G_w(T_o - T_i) = 1.21 \times (1 + 14.75\alpha)(900 - 0)$
$\quad\quad = 1089 + 16063\alpha\,\text{[kJ/kg fuel]}$
$\quad\quad = 1.089 + 16.06\alpha\,\text{[MJ/kg fuel]}$
熱効率 $\eta_t = 1 - L_e/H_l = 1 - (1.089 + 16.06\alpha)/41.8 = 0.974 - 0.384\alpha$

演習問題

(1) メタノール（CH_4O）は有望な代替燃料として注目されている．そこで，軽質石油成分を代表する n-ヘキサン（C_6H_{14}）と燃焼性を比較するつぎの質問に答えよ．ただし，メタノール（液）と n-ヘキサンの低発熱量は，それぞれ 19.91 と 44.74 MJ/kg，液相の密度は 792 と 659 kg/m³ である．
   (a) 同じ熱量を蓄えるのに，メタノールは n-ヘキサンの何倍の容積のタンクを必要とするか．また，単位発熱量当たりの質量は何倍か．
   (b) 両燃料の 1 kg 当たりの必要空気量（理論空気量）は何 kg か．

- (c) 両燃料 1 kg を空気比 1.3 で燃焼させるときに発生する湿り燃焼ガス量は何 kg か．また，それを発熱量 1 MJ 当たりに直すと何 kg か．
- (d) 両燃料を空気比 1.3 で燃焼させたときの断熱燃焼温度は何℃か．ただし，燃焼前の温度は 25℃，湿り燃焼ガスの平均定圧比熱は 1.29 kJ/kg とする．
- (e) 両燃料の 1 kg 当たりの発熱量が大幅に異なるのに，断熱燃焼温度にそれほど差がない理由をどう考えるか．

(2) 石炭（簡単のためにグラファイトと灰分だけから成るとする）を酸素と水蒸気をガス化剤としてガス化したところ，$\{H_2\}=0.40$，$\{CO_2\}=0.30$，$\{CO\}=0.25$，$\{CH_4\}=0.04$，$\{N_2\}=0.01$ の燃料ガスが発生したという．これに関して，以下の問に答えよ．
- (a) 燃料ガスの高発熱量と低発熱量 $[MJ/m^3_N]$ はいくらか．
- (b) 燃料ガス 1 m^3_N 中に含まれる炭素の量は何 kg か．
- (c) グラファイト 1 kg から発生する燃料ガスの量は何 m^3_N か．
- (d) 石炭のガス化に際して，何 % のエネルギーが失われるか．ただし，酸素の分離や水蒸気の発生に要するエネルギーは無視する．
- (e) CO_2 や CO が生成して，燃焼熱が失われているはずなのに，エネルギー損失が案外少ない理由を推論せよ．

(3) 単位燃料量当たり炉や熱機関から排出される排気の量は空気比 α によって変化するので，窒素酸化物（NO_x）などの排出濃度は排気中の O_2 濃度が一定値（例えば乾き燃焼ガス中に 5%（by vol.））のときの値に引き直して表示されることが多い．空気比 3 で灯油を燃焼させるガスタービンを想定して，その排気中に 50 ppm（1 ppm＝体積分率が百万分の 1）の NO_x が含まれるとする．灯油の平均分子式を C_nH_{2n} として，以下の問に答えよ．
- (a) ガスタービンの排出する乾き燃焼ガスの量 V_d' は灯油 1 kg 当たり何 m^3_N か．ただし，灯油は完全燃焼するものとする．
- (b) 乾き燃焼ガス中の酸素濃度が 5%（by vol.）となる空気比 α はいくらか．
- (c) そのときの乾き燃焼ガスの発生量は，灯油 1 kg 当たり何 m^3_N か．
- (d) $(O_2)=5\%$ に引き直した NO_x の排出濃度は何 ppm か．

引用文献
(1) 水谷，燃焼工学・第 3 版，(2002)，p.71，森北出版．

参 考 書

水谷幸夫，燃焼工学・第3版，(2002)，p.35，森北出版．
省エネルギーセンター（編），新訂・エネルギー管理技術［熱管理編］，(2003)，p. 221-297，省エネルギーセンター．
省エネルギーセンター（編），省エネルギー燃焼技術，(1984)，p.1，省エネルギーセンター．

第3章　省エネルギー燃焼の基本

3.1　燃焼機器におけるエネルギー損失の原因

　地球温暖化やエネルギー資源の枯渇が心配されている昨今，省エネルギーの重要性を否定する人はいないであろう．第1章では，化石燃料の確認埋蔵量と可採年はオイルショックの直後に騒がれた程には切迫した状態にはないが，どこまで使うかは地球環境とトレードオフの関係にあり，年を追って粗悪な，したがって環境に有害なエネルギーに手を出さざるを得ないことを明らかにした．また，第2章では，熱力学の知識を活用することによって，廃熱損失，放熱損失，熱効率など，省エネルギーに関係する事柄の計算の方法を学んだ．
　省エネルギーを効果的に実行するには，個々の事例に捉われることなく，熱力学に基づいて，最も効果的な方法を系統的に探らなければならない．これまで，さまざまな省エネルギー燃焼技術が提案されてきたが，個々の省エネルギー効果に注目したものが多く，熱力学の原理に基づいた統一的な方法論は少なかったように思われる．ここでは，紙数の関係もあり，個々の省エネルギー燃焼技術には捉われず，全体的な基礎原理について説明する．
　ところで，燃焼の目的は"物の加熱"と"動力発生"に大別される．省エネルギー（エネルギー損失の低減）の観点からは，両者に共通して"廃熱損失の低減"が重要となるが，それ以外に，前者に対しては"放熱損失と蓄熱損失の低減"，後者に対しては"不可逆損失の低減"が問題となる．ただ，具体的な省エネルギー対策という点では，両者に共通する点が多く，例えば，燃焼ガスの伝熱能力を上げるためにも，仕事能力を向上させるためにも，"低空気比燃焼"を行わせることが好ましい．例外として，内燃機関だけはタービン入口温度の上限や，燃焼ガスの比熱比の減少という点で必ずしも低空気比運転が有利にはならない．また，低空気比燃焼は排ガス量を減らし，ひいては廃熱損失を低減させる効果も併せ持っている．熱プロセスの見直しと改良は放熱損失と蓄熱損失の低減に効果が大きいが，燃焼に直接関係しないので，紙数の関係もあ

【例題 3-1】 2.7.1項の熱勘定を単純化して，炉への入熱を ① 送入燃料の持ち込む低発熱量 H_l のみ，出熱を ①，②，③ をまとめた有効熱 Q_e，④ 燃焼ガスの持ち出す熱量（廃熱損失）Q_E，⑦ 放熱損失 Q_L のみから成ると考える．その上で，この炉の熱効率 η_t^* を左右する要因について考察せよ．

［解］ 2.7.2項の式 (2.56) から，$\eta_t^* = Q_e/H_l = 1 - (Q_E + Q_L)/H_l$
したがって，廃熱損失 Q_E と放熱損失 Q_L の合計量を減らせば，熱効率を向上させることができる．ところが，熱力学の第二法則によって，炉内温度を被加熱物の最高温度以下には低下させることができず，しかもその温度差を小さくすればする程，伝熱速度が低下して，バッチ式加熱炉では加熱時間が長く，連続式加熱炉では炉長が長くなって，放熱損失が増加する．したがって，廃熱損失を減少させるためには，何らかの方法で炉内ガスと排気とを熱的に遮断するか，熱のカスケード利用や廃熱回収によって，排気の最終温度を低下させる必要がある．

3.2 低空気比燃焼

空気比 α は燃焼炉と熱機関の動作を規定する最も基本的なパラメータである．これを過大にとると，(1) 排ガス量の増加に伴う廃熱損失の増加，(2)「燃焼温度の低下→加熱能力の低下→炉寸法の増加」という連鎖による放熱損失の増大，という二つの理由から熱効率が低下する．ところが，逆に小さく取りすぎると，不完全燃焼損失の増大による燃焼効率と熱効率の低下，有害物質（一酸化炭素，未燃炭化水素，すすなど）の排出量の増加という好ましくない現象が生じる．

したがって，空気比 α は燃焼効率の低下や有害物質の排出量の増大が許容される範囲で，できるだけ低く取ることが望ましい．このような燃焼法のことを**低空気比燃焼**と呼んでいる．

廃熱損失 Q_E は，湿り燃焼ガス量 Q_w，温度 $T_0 \sim T_e$ 間の平均定圧比熱 c_{pm}，排ガス温度 T_e，基準温度 T_0，理論空気量 A_0 を用いて，つぎのように書ける．

$$Q_E = Q_w c_{pm}(T_e - T_0) = (1 + \alpha A_0)c_{pm}(T_e - T_0) \tag{3.1}$$

熱力学の第二法則により T_e を被加熱物の温度以下にすることはできないので，Q_E は G_w，したがって，ほぼ α に比例することになる（∵ $1 \ll \alpha A_0$）．す

なわち，低空気比燃焼によって廃熱損失を低減させることができる．

つぎに，燃焼ガスの仕事能力と伝熱能力が，空気比によってどのように変化するかを考える．仕事能力の上限が**エクセルギー（有効エネルギー）**であることはエクセルギーの定義そのものであるが，エクセルギーが環境との間の非平衡度でもあることを考えると，燃焼ガスが環境温度にある被加熱物を加熱する速度，すなわち伝熱能力はエクセルギーに比例すると考えてもよい．ところで，燃料1kgから発生する湿り燃焼ガスが持つエクセルギー E_b はつぎのように表せる．

$$E_b = G_w[(h_b - h_0) - T_0(s_b - s_0)] \qquad (3.2)$$

ただし，h は比エンタルピー，s は比エントロピーで，添字"b"は燃焼ガス，添字"0"は環境状態（温度 T_0，圧力 p_0）における値を表す．定圧断熱燃焼では，低発熱量 H_l はすべて燃焼ガスの顕熱上昇，すなわちエンタルピー増加に使われるから，$H_l = G_w(h_b - h_0)$ である．また，定圧加熱では $dq = c_p dT$ であるから，

$$s_b - s_0 = \int_0^b \frac{1}{T} dq = \int_{T_0}^{T_b} \frac{c_p}{T} dT = c_p^* \ln \frac{T_b}{T_0} \qquad (3.3)$$

ただし，c_p^* は $1/T$ で加重平均された定圧比熱である．これらを式(3.2)に代入すると，

$$E_b = H_l - G_w c_p^* T_0 \ln(T_b/T_0) \qquad (3.4)$$

燃料1kgが保有する比エクセルギーは H_l に近いことが知られているので[1]，式(3.4)の右辺第2項は，ほぼ断熱燃焼によるエクセルギー損失に相当する．ところが，α が増減した場合の $\ln(T_b/T_0)$ の変化は G_w の変化に比べて緩やかなので，エクセルギー損失も廃熱損失と同様，α が増加するにつれて増加することになる．これで，仕事能力や伝熱能力の点からも低空気比燃焼の有効なことが分かった．

【例題3-2】 3.1節で「内燃機関だけはタービン入口温度の上限や，燃焼ガスの比熱比の減少という点で必ずしも低空気比運転が有利にはならない」と述べたが，希薄燃焼の極限として，動作流体の比熱比 κ が空気と同じ1.4の場合と，低空気比燃焼の極限として $\kappa = 1.37$ の場合について，圧縮比 $\varepsilon = V_2/V_1 = 10.0$ のオットーサイクルと圧力比 $\rho = p_2/p_1 = 10.0$ のブレイトンサイクルの理論効率を比較せよ．なお，簡単のために，サイクル中 κ の値は一定値に

保たれると仮定する*1).

[解] オットーサイクルの理論熱効率 $\eta_O = 1 - \varepsilon^{1-\kappa} = 1 - 10.0^{1-\kappa}$
ブレイトンサイクルの理論熱効率 $\eta_B = 1 - \rho^{(1-\kappa)/\kappa} = 1 - 10.0^{(1-\kappa)/\kappa}$
希薄燃焼： $\kappa = 1.40,$ $\eta_O = 0.602,$ $\eta_B = 0.482$
低空気比燃焼：$\kappa = 1.37,$ $\eta_O = 0.573,$ $\eta_B = 0.463$
希薄燃焼させることにより，オットー・ブレイトンサイクルともに理論熱効率が1.05倍改善される．なお，残留ガスの蓄積を考えると，オットーサイクルの κ の最低値は1.37より，はるかに低くなる．

3.3 熱のカスケード利用

熱力学の第二法則によって，燃焼ガスの温度を被加熱物の温度以下にはできないけれども，ボイラや連続加熱炉のように，炉の入口から出口へと被加熱物を搬送しながら温度を上げて行く形式の加熱炉では，加熱炉を向流式の熱交換器と考えて，被加熱物の出口にバーナを，入口に排気口を設置すれば，原理的には排気温度 T_e を被加熱物の装入温度にまで下げることができる．この場合，放熱損失や蓄熱損失が無く，炉の寸法がいくら増加してもよいのならば，炉の熱効率は限りなく100%に近付いて行く．節炭器（排気による給水加熱器）付きのボイラや鉄鋼関係の連続加熱炉にこの例が見られ，ボイラの熱効率が90%を越えることも珍しくはない．また，排ガスで燃焼用空気や別の炉の被加熱物を予熱しても，同様の効果が得られる．よって，空気予熱器，被加熱物予熱室，廃熱ボイラ，吸収式冷・温水器などの排熱回収装置も，熱のカスケード利用システムの一部と見ることもできる．

3.4 燃焼室と煙道（排気路）の熱的遮断

熱力学の第二法則によって，燃焼ガスの温度を被加熱物の温度より低くはできないけれども，何らかの方法で炉内の燃焼ガスと，炉の排気口を通り抜けた排ガスとを熱的に遮断することができれば，炉内を高温に保ったまま排ガス温度を引き下げて，排熱損失を低減することができる．そのことを可能にする方

---

* 1) 実際には燃焼前と燃焼後で比熱比は1.4から1.37に変化し，圧縮過程と膨張過程で断熱指数が変化する上に，比熱 c_V, c_P もガス組成や温度によって変化するから，η_O や η_B もエンジン負荷によって変化する．しかし，低空気比での $\eta_O = 0.573$ が $\eta_O = 0.53 \sim 0.55$ に変わる程度の影響と思われる．

法として，"通気性固体隔壁による排ガス温度の制御技術"，"蓄熱ペアバーナによる高温燃焼技術"，ならびに"熱再循環燃焼技術"がある．

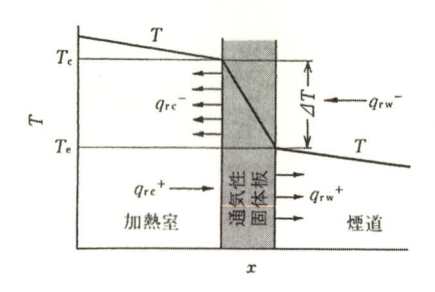

3.4.1 通気性固体隔壁法

通気性固体隔壁法の原理を図3.1に示す[2]．図において x 軸の正方向に流れる燃焼ガス中に積層金網，焼結金属，発泡セラミックのような通気性固体板が置かれているとする．この固体板は内部に固体粒子が分散した半透明体と見なせ，上流に向けて $1\,m^2$，$1\,s$ 当たり q_{rc}^-，下流に向けて q_{rw}^+ のふく射熱流束を出すが，同時に上流側から q_{rc}^+，下流側から q_{rw}^- のふく射熱流束を受け取っている．したがって $1\,m^2$ 当たり，差し引き $(q_{rc}^- + q_{rw}^+ - q_{rc}^+ - q_{rw}^-)$ のふく射熱損失があるが，これは固体板内でのガスの顕熱減少，すなわち温度降下 ΔT によってまかなわれる．上流の加熱室に，ガス温度より低温の被加熱表面が存在すると，$q_{rc}^- > q_{rc}^+$ となり，下流の煙道で排熱回収することにより $q_{rw}^+ > q_{rw}^-$ になるとすれば，通常は通気性固体板のふく射熱損失が増し，それに応じて温度降下 ΔT が大きくなる．仮に ΔT を $400\,K$ 程度に取れれば，式（3.1）から見てかなり排熱損失が減少する上に，煙道で回収された排熱は有効利用されたのであるから，損失から省くことができる．

図 3.1 通気性固体隔壁法[2]

通気性固体板は上流側が高温となる上に，表面から放射された熱流束は表面温度［K］の4乗に比例するので，$q_{rc}^- \gg q_{rw}^+$ となる．すなわち，固体板内部におけるガスの顕熱減少の大部分が，ふく射によって上流側に返され，そのまま被加熱物のふく射加熱に利用される．また，q_{rc}^- を混合気の予熱に利用すれば，内部熱還流によって未燃混合気が過剰エンタルピ（持ち込んだ保有熱を超過する保有熱）を持つようになり，低カロリーガスや希薄混合気の燃焼が可

能になる．煙道での回収排熱を燃焼用空気や燃料の予熱に利用すれば，さらにその効果は顕著になる．

3.4.2 蓄熱ペアバーナ法

図 3.2 は**蓄熱ペアバーナ法**を U 字形ラジアントチューブに適用した例である[3]．チューブの両端にバーナとリジェネレータ（十分な厚みを持ったハネカム形セラミック蓄熱体）を組み合わせた蓄熱空気予熱式バーナをそれぞれ設置し，切換え弁で燃料と空気の供給を上と下のバーナに周期的に切り換えて，燃焼動作と蓄熱動作を交互に行わせる．上のバーナが燃焼している間は下のバーナは休止し，リジェネレータには高温の燃焼ガスが通って，熱を蓄える．リジェネレータの厚みは内部に形成される温度勾配部に比べて十分大きいために，温度勾配部が左に移動して下流端（左端）に届くまでに 30 s 程度かかる．高温のガスが下流端から出始める寸前に燃料と空気の流路を切り換えて，下側のバーナに燃焼動作を開始させる．燃焼用空気は燃焼ガスによって予熱された下側リジェネレータを通る間に高温となり，点火操作がなくとも高温燃焼が開始される．温度勾配部が右に移動して下側リジェネレータの下流端（右端）に届く寸前に再び流路を切り換えて，サイクルをもとに戻す．この動作を繰り返すことによって，リジェネレータを出て行く排ガスの温度は常に低温に，入ってくる燃焼用空気は常に高温に保たれる．すなわち，炉内に滞留する燃焼ガスと，リジェネレータを通って炉から出て行く排ガスとは熱的に遮断される．

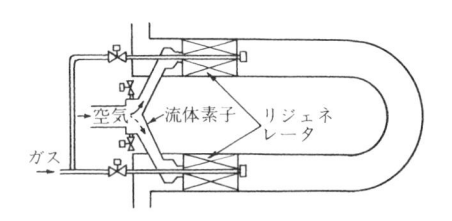

図 3.2 蓄熱ペアバーナ法[3]

この方法は多数のバーナをペアにして炉の両側面に配置することにより，どのような加熱炉にも適用可能である．実炉で 10% を切る排熱損失率が実現できているが[3]，原理的には 0% まで低減可能であり，燃焼温度も熱解離が支配する弱プラズマ領域まで伸ばせるはずである．

3.4.3 熱再循環燃焼法

熱再循環燃焼法を実現するためには，炉壁の断熱性を高めた上で，図3.3上段の図のように，排ガスの顕熱の一部（極限においては全部）を熱交換器（または蓄熱再生器）で回収して，炉の入口に戻してやればよい[4]。なお，説明のために長い熱交換器の中を還流熱 Q_{re} が伝導もしくは対流するように描かれているが，実際には供給混合気 i を炉出口に迂回させて排ガス b と反対の方向に流し，隔壁を介して熱交換させるか，蓄熱ペアバーナ法のようにリジェネレータの中を時間差をもって反対方向に流す．この状態を熱エネルギー（エンタルピ）流量の流れ図にしたのが下段の図である．

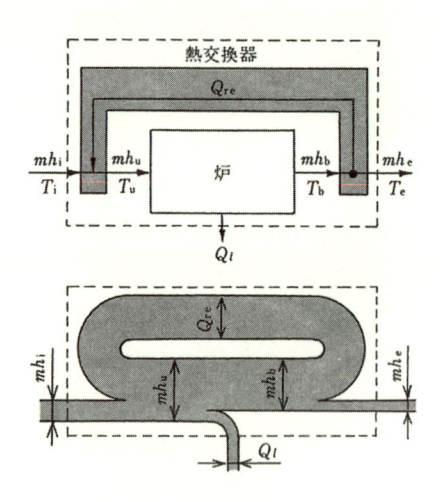

図 3.3 熱再循環燃焼法[4]

破線で囲んだ炉と熱交換器のシステムへは，未燃混合気が流量 m，比エンタルピ h_i で入り，排ガスが同じ流量 m，比エンタルピ h_e で出て行く．炉からの放熱損失（被加熱物の加熱に使われた熱も含む）を Q_l とすると，このシステムに対する熱のバランスより，

$$mh_i = Q_l + mh_e \tag{3.5}$$

炉からの排熱の内 Q_{re} を熱交換器で炉の入口に戻すとすると，未燃混合気の比エンタルピは h_i から

$$h_u = h_i + Q_{re}/m \tag{3.6}$$

に増加し，$c_p \fallingdotseq const.$ の場合，燃焼温度 T_b もほぼ $Q_{re}/(mc_p)$ だけ上昇す

る．$h_u/h_i(≒T_u/T_i)$ もしくは $h_b/h_e(≒T_b/T_e)$ の値は，下段の図の熱流ベルトの幅の比に対応する．もし放熱損失 Q_l が零で，熱交換器の断熱効率が1ならば還流熱量 Q_{re} を無限に大きくでき，熱解離が生じなければ，ほとんど燃料を使うことなく，炉内温度レベルを無制限に上げることができる．

これが可能であることは，つぎのような熱交換式バーナで実証されている[5]．このバーナは**スイスロール形バーナ**と呼ばれ，図 3.4 のように円筒形の燃焼室に仕切板を持った長い吸・排気流路が接続されている．この流路は低温の混合気と高温の燃焼ガスの向流型熱交換器となっている．放熱損失を減らし，かつ装置をコンパクト化するために，この吸・排気流路を燃焼室の周りにスイスロール（菓子パンの一種）のように巻き付け，紙面に平行な側面を十分に断熱する．これで，未燃混合気は，燃焼室に達するまでに，ほぼ燃焼温度に達してしまっており，希薄混合気に含まれたわずかな燃料で放熱損失を補ってやるだけで，燃焼を維持することができる．事実，当量比 0.021（希薄可燃限界の 1/25 濃度）で常温のメタン-空気混合気を送り込んで，バーナが破壊するところまで温度を上げることができたという[5]．

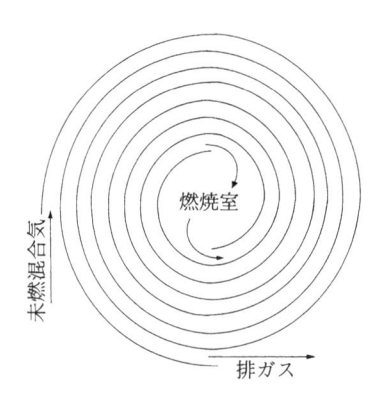

図 3.4　スイスロール形バーナの原理図[5]

3.3 節で"熱のカスケード利用"の一形態として紹介した廃熱を熱源とする空気予熱器や被加熱物予熱室，それに 3.4.2 項の蓄熱ペアバーナ法は，本節の"熱再循環法"に分類することもでき，いずれもが広い意味で"炉内ガスと排ガスの熱的遮断"を行っている．

3.5 その他の省エネルギー燃焼技術

以上のことから，原理的には排熱損失を零まで低減することが可能で，あとは放熱損失と蓄熱損失をどれほど低減できるかで，最終的な省エネルギー成果が決まることが分かった．蓄熱損失は加熱炉の設計と操業手順に関係し，燃焼技術でカバーすることはできない．放熱損失も加熱炉の設計と操業手順に関係する点では同様であるが，こちらは，火炎から被加熱物への伝熱を促進する，燃焼負荷率を上げる，などの手段によって炉を小型化し，結果的に放熱損失を低減することができる点で，燃焼技術が関与する余地はある．その一つが前述の"低空気比燃焼"である．それ以外に，伝熱促進技術や高負荷燃焼技術として考えられる技術を列挙すると，

① ふく射伝熱の積極的利用
  (a) 燃焼用空気の予熱や酸素富化によって，火炎や燃焼ガスの温度を上昇させる，
  (b) 燃料過濃燃焼によって燃焼ガス中の CO_2 や H_2O の濃度を上げ，射出率を上昇させる，
  (c) 火炎や燃焼ガスの流れを耐火材張り炉壁に誘導し，炉壁温度を上昇させる，
  (d) 火炎で赤熱されたセラミックからの間接ふく射加熱を利用する，
  など．
② ラジアントチューブに代わる直火還元加熱の利用（自動車用の冷間圧延鋼鈑等に対して）．
③ 液中燃焼，パルス燃焼，ジェット衝撃加熱，ファン攪拌炉等の熱伝達促進技術．
④ 加圧燃焼炉，酸素富化燃焼，流動層燃焼等の炉の小型化技術．

これらに関しては紙面の関係で説明を省略するが，章末の参考書に詳細な記述があるので，参照していただきたい．

演習問題

(1) 第2章の例題2-10の鋼塊連続加熱炉は燃焼用空気の予熱によって，廃熱の一部を回収（もしくは再循環）している例であるが，これに関して，つぎの問に

答えよ．
   (a) 回収の有無にかかわらず出熱に占める各熱量の割合が変わらないとして，廃熱の一部を回収しなければ，燃料の発熱量の何％が廃熱として失われるところであったか．また，放熱損失は何％であったか．
   (b) 出熱に占める回収前廃熱が28％もあったのに，この例ではたった1/3の9％しか，回収できていない．その理由について考えよ．
(2) 例題2-11においては，平炉の廃熱を熱源とする廃熱ボイラを設置することによって，熱のカスケード利用を実行している．
   (a) 平炉の熱効率 $\eta_t{}^*$ は何％か．
   (b) 廃熱ボイラを設置することによって，システム全体の熱効率 $\eta_t{}^*$ は何％に向上したか．
(3) 本章で記述したような廃熱低減対策とは違って，通常行われている熱交換器による空気予熱では，廃熱の回収割合があまり高くない．その理由を考えよ．
(4) 廃熱の回収，もしくは熱のカスケード利用の方法の一つとして，炉とは無関係な装置（例えば給湯設備，冷暖房など）で廃熱の一部を利用する方法がある．この方法の難点について考えよ．

引用文献

(1) 石谷（編），熱管理士教本 (1977)，共立出版．
(2) 越後，機械学会論文集，**48**-435 B (1982)，2351．
(3) 杉山・ほか，工業加熱，**26**-4 (1989)，31．
(4) 日本機械学会（編），伝熱工学資料（改訂第4版）(1986)，225，日本機械学会．
(5) Lloyd, S. A. and F. J. Weinberg, Nature, **251**-5470 (1974), 47 ; **257**-5525 (1975), 367．

参考書

水谷幸夫，燃焼工学・第3版，(2002), p.61, p.228, 森北出版．
日本機械学会（編），燃焼の設計—理論と実際—，(1990), p.97, 日本機械学会．
省エネルギーセンター（編），省エネルギー燃焼技術，(1984)，省エネルギーセンター．
省エネルギーセンター（編），新訂・エネルギー管理技術［熱管理編］，(2003), p.221-297，省エネルギーセンター．
Cone, C., Energy Management for Industrial Furnaces, (1980), John Wiley & Sons.
新岡 嵩・河野通方・佐藤順一（編著），燃焼現象の基礎，(2001), p.108, オーム社．

第4章　気体燃料の燃焼

4.1　燃焼方式の分類

　気体燃料の燃焼方式は**バーナ燃焼（連続燃焼）**と**容器内燃焼（間欠燃焼）**に大別される．また，別の観点から分類すると，予混合燃焼，部分予混合燃焼，拡散燃焼（非予混合燃焼）に分けられる．**予混合燃焼**は燃料と空気をあらかじめ混合した上で燃焼させるもので，予混合気中を火炎（燃焼波）が伝ぱするという特色を有する．それに対して，**拡散燃焼（非予混合燃焼）**は燃料流と空気流の境界で燃焼が起こるので，その火炎に伝ぱ性はない．**部分予混合燃焼**は拡散燃焼を加速して火炎を短くするために，火炎が伝ぱしない程度の空気をあらかじめ燃料に混合しておくものである．

　さらに，火炎付近のガスの流れが層流か乱流かによって，**層流燃焼**と**乱流燃焼**に分けられる．流れが層流から乱流に変わると，火炎の性質が大きく変化し，火炎の厚みが増すとともに，予混合燃焼では火炎の伝ぱ速度が加速され，拡散燃焼では火炎の単位面積当たりの燃焼率が増大する．

　以上3種類の分類をまとめてみると，表4.1のようになる．分類A，B，Cは任意の組み合わせが可能であり，「層流拡散バーナ燃焼」，「乱流予混合容器内燃焼」などの組み合わせが得られる．

　なお，"燃焼"という言葉を"火炎"で置き換えると，火炎の分類表となる．

表4.1　燃焼方式の分類

分類法	分類A	分類B	分類C
名称	バーナ燃焼（連続燃焼）	予混合燃焼	層流燃焼
		部分予混合燃焼	
	容器内燃焼（間欠燃焼）	拡散燃焼	乱流燃焼

4.2 予混合燃焼

4.2.1 層流予混合燃焼

A．火炎構造　　**層流予混合火炎**は大気圧下では厚みが0.1～1 mmと薄く，炭化水素火炎は薄青色を呈するが，水素火炎はわずかに赤味を帯びた無色に近いものである．空間に静止した火炎の法線（x軸）方向の温度とガス組成の分布を図4.1に示す．混合気は速度S_u，温度T_uで火炎帯に入り，反応・膨張して，速度S_b，温度T_bで出てゆく．T_bは2.5節で説明した燃焼ガスの断熱平衡燃焼温度に近い．この温度曲線には変曲点があり，その上流側では反応による発生熱量以上の顕熱上昇があるが，その熱は下流側から熱伝導で供給されるものであるから，**火炎帯**の内，変曲点iの上流側を**予熱帯**，下流側を**反応帯**と呼ぶ．この点における温度勾配$(dT/dx)_i$は10^4 K/mmのオーダーと大きく，高い伝導熱流束で火炎を未燃混合気の方に伝ぱさせる．もちろん，この熱流束を賄うだけの燃焼反応が反応帯で生じていなければならず，したがって混合気の組成と状態に応じた伝ぱ速度しか発生できない[*1)]．

一方，反応物質（燃料と酸素）は予熱帯では主として分子拡散によって，ま

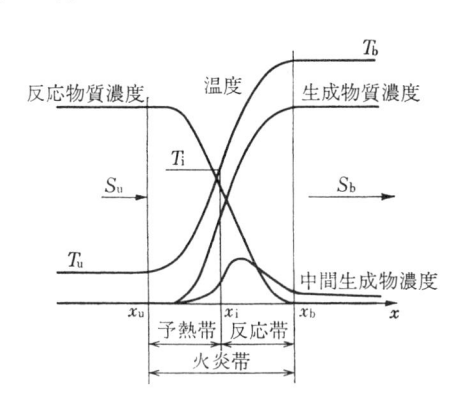

図4.1　層流予混合火炎の構造

[*1)]　これはごく大まかな説明であって，正確には厳密な理論解析によって対流熱流束，拡散熱流束，伝導熱流束と化学反応による熱発生率とのバランスを論じなければならない[(1)]．なお，図4.1の温度曲線を変曲点iでの共通接線で置き換え，火炎帯の厚みを$\delta_f = (T_b - T_u)/(dT/dx)_i$で与える方があいまいさが無くてよい．こうして決定した予熱帯厚みδ，反応帯厚みδ_rは火炎の重要な特性値である．

た反応帯では反応と分子拡散によって濃度が低下し,出口までに消滅する.中間生成物（CO, H_2, OH, O, H など）の濃度は温度曲線の変曲点上流で立ち上がって,反応帯の中程でピークをもち,最後は平衡濃度に近付く.生成物は反応物質が減少するにしたがって増加し,やはり平衡濃度に近付く.

B. 燃焼速度と火炎（伝ぱ）速度 図4.1に示した構造の火炎は,熱伝導や分子拡散と急速な発熱反応を原動力として,自力で伝ぱする性質を持っている.火炎面は複雑な形を取り,熱膨張などによるガスの流れに乗って移動するが,静止観察者から見た見掛けの移動速度のことを**火炎（伝ぱ）速度**と呼ぶ.それに対して,火炎面前方の未燃混合気に相対的な伝ぱ速度の,火炎面法線方向の分速度（図4.1と図4.2の S_u）を**燃焼速度**と呼ぶ.見方を変えれば,S_u は 1 s の間に 1 m² の火炎面に流入して燃焼する混合気の体積 [m³/(m²·s)] = [m/s] でもあるので,この名がある.火炎伝ぱ速度がガスの流動や,火炎面の形状の影響を受けるのに対して,層流予混合火炎の燃焼速度は燃料の種類と混合気の組成,温度,圧力に対応した固有の値を持ち,**層流燃焼速度**と呼ばれる.

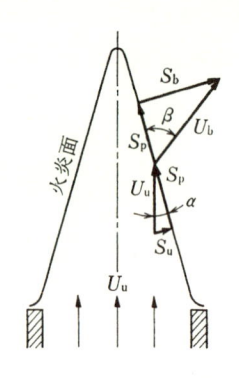

図4.2 スロットバーナ
火炎の流れ模様

層流燃焼速度の測定法は種々考案されているが[1-2],ここでは精度のよい①スロットバーナ法と,よく実用される②ブンゼンバーナ法について,簡単に説明する.

スロットバーナ法は,端面効果を避けるために縦横比 3:1 以上とした長方形のノズルから混合気を吹き出して,テント状の火炎を作るもので,長辺中央

部での流れ模様を描くと，図4.2のようになる．燃焼速度は未燃混合気の法線方向分速度 S_u であるが，これは図から

$$S_u = U_u \sin \alpha \ [\text{m/s}] \tag{4.1}$$

であるから，未燃混合気の流速 U_u [m/s] ならびに流線と火炎面のなす角 α を測定すれば，燃焼速度が決定できる．

【例題 4-1】 プロパン-空気理論混合気（15°C，1 atm）を 2 m/s の速度でスロットバーナから静止空気中に吹き出して，テント状の層流火炎を作ったという．火炎面と流線の形状，ならびに流線に沿う流速の変化を計算せよ．ただし，層流燃焼速度は 0.42 m/s，断熱燃焼温度は 1996°C で，燃焼によって平均分子量は変化しないものとする．

［解］ 図4.2の記号を用いて，$S_u = U_u \sin \alpha$, $\sin \alpha = S_u/U_u = 0.42/2 = 0.21$.
 ∴ $\alpha = 12.12°$
$S_p = U_u \cos \alpha = 2 \cos 12.12° = 1.955$ m/s,
$S_b = S_u T_b/T_u = 0.42 \times 2269.15/288.15 = 3.307$ m/s,
$U_b = (S_p^2 + S_b^2)^{1/2} = (1.955^2 + 3.307^2)^{1/2} = 3.842$ m/s,
$\tan \beta = S_b/S_p = 3.307/1.955 = 1.692$.
 ∴ $\beta = 59.41°$．流れ場は図4.3のようになる．

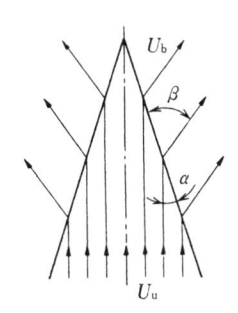

図 4.3 スロットバーナの流線

ブンゼンバーナ法においても同様の方法で燃焼速度を決定することもできるが，1 s の間に 1 m² の火炎面に流入して燃焼する混合気の体積 [m³/(m²·s) = m/s] という第二の燃焼速度の定義を用いて，

$$S_u = V_u/A_f \ [\text{m/s}] \tag{4.2}$$

から燃焼速度を決定する方が精度が上がる．ここで，V_u は未燃混合気の体積

流量 [m³/s]，A_f は火炎のシュリーレン写真から回転面として計算された火炎面積 [m²] である．この方法によると 15～20％ の誤差が出るが，手軽に燃焼速度を決定する目的には便利である．

層流燃焼速度のデータを図 4.4 に示す．横軸は当量比 ϕ である．通常の炭化水素燃料では当量比 1.1 付近にピークがくるが，一酸化炭素や水素では 2 以上のところにきて，可燃範囲が広い．これは前述の伝導熱流束では説明ができず，分子量が小さくて，拡散性のよい中間生成物の拡散が火炎伝ぱに影響しているものと考えられている．なお，一酸化炭素は水素か水蒸気がないとほとんど燃えないが，少しでも加えると，水素を含んだ活性化学種（OH など）ができるせいか，よく燃えるようになる．

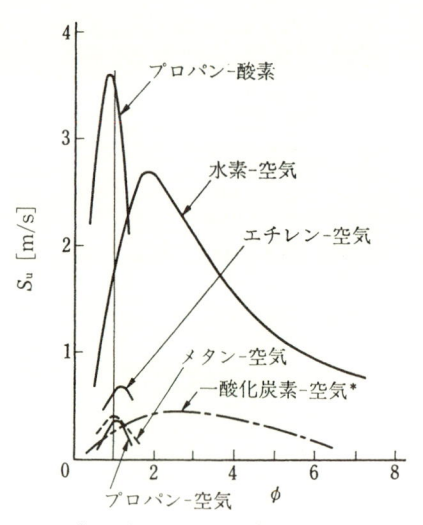

注）*水素 1.5％，水蒸気 1.35％ を含む．

図 4.4　各種混合気の層流燃焼速度[3]

C．可燃（濃度）範囲　予混合気には温度と圧力によって決まる**可燃（濃度）範囲**というものがあり，それよりも燃料の濃度が高くても，低くても，火炎は伝ぱしない．この濃度範囲の下限を**希薄可燃限界濃度**，上限を**過濃可燃限界濃度**と呼ぶ．表 4.2 にそれらの値を示しておく．

なお，混合気の温度が高かったり，高温壁面，高温ガス，火炎群などに囲まれて，火炎からのふく射熱損失の少ないような条件下では，可燃範囲は表 4.2

表 4.2 各種燃料-空気混合気の可燃限界濃度[*1)]

(燃料の体積百分率)

燃 料 名	希薄可燃限界濃度	過濃可燃限界濃度	燃 料 名	希薄可燃限界濃度	過濃可燃限界濃度
水　　　素	4.0	75	ブ テ ン	1.6〜1.7	9.7〜10
一酸化炭素[*2)]	12.5	74	1,3-ブタジエン	2.0	12
メ タ ン	5.0	15.0	ベ ン ゼ ン	1.3	7.9
エ タ ン	3.0	12.4	ト ル エ ン	1.2	7.1
プ ロ パ ン	2.1	9.5	キ シ レ ン	1.1	6.4〜6.6
ブ タ ン	1.8	8.4	シクロヘキサン	1.3	7.8
ヘ キ サ ン	1.2	7.4	アセトアルデヒド	4.0	36
エ チ レ ン	2.7	36	ア セ ト ン	2.6	13
アセチレン	2.5	100(81)[*3)]	アンモニア	15	28
プ ロ ピ レ ン	2.0	11			

* 1) 101.3 kPa, 298 K, 火炎は上向きに伝ぱ.　* 2) 少量の水蒸気を含む.
* 3) 括弧外は分解反応, 括弧内は酸化反応による可燃限界の数値.

に記載されたものより広くなる.

【**例題 4-2**】　メタン-空気混合気は断熱燃焼温度が 1400 K を超えると, 定常火炎を形成できることが知られている (この温度を**燃焼限界火炎温度**と呼ぶ). 当量比 0.2 のメタン-空気希薄混合気を定常燃焼させるためには, 何℃に予熱する必要があるか. ただし, メタンの低発熱量 $H_l = 50.01$ MJ/kg, 燃焼ガスの定圧比熱 $c_{pm} = 1.13$ kJ/(kg・K) とせよ.

[**解**]　$CH_4 + 2O_2 = CO_2 + 2H_2O$
　　　16.04 kg　2×32.00 kg
∴　$O_0 = 2 \times 32.00/16.04 = 3.989$ kg/kg
　　$A_0 = O_0/0.232 = 17.19$ kg/kg
$\phi = A_0/A$ より $A = A_0/\phi = 17.19/0.2 = 85.97$.
また, $G_w = 1 + A = 86.97$ kg/kg.
予熱後の混合気温度を T_u とすると, $T_b = H_l/(G_w c_{pm}) + T_u$
∴　$T_u = T_b - H_l/(G_w c_{pm}) = 1400 - 50.01 \cdot 10^6/(86.97 \times 1.13 \times 10^3)$
　　　　$= 1400 - 508.9 = 891.13$ K.
すなわち, 未燃希薄混合気を 891 K ≒ 618℃ 以上に予熱する必要がある.

D. 消炎現象　固体面を火炎中に挿入すると, 表面近傍の火炎を冷却して反応速度を低下させる. それと同時に表面で活性化学種の破壊が起こり, やは

り表面近傍の反応速度を低下させる．したがって，表面からある距離（大気圧下で1mm以下）以内では目視可能な火炎が消失するが，この領域のことを**無炎領域**と呼ぶ．火花点火機関から排出される未燃炭化水素のかなりの割合が，この領域で生成されると言われている．

つぎに，中央に点火電極を持った2枚の平行円板を可燃混合気内に挿入し，電極間に火花を飛ばしながら間隔 d_p を徐々に減少させて行くと，ついには円板間を火炎が伝ぱできなくなる．これは両円板の消炎作用が真中にまで及んだため，火炎の伝ぱが不可能になったもので，そのときの間隔 d_p を**平板消炎距離** d_{pc} と呼ぶ．

さらに，円管の中を火炎が伝ぱできなくなる最小円管内径というものが存在し，**円管消炎距離** d_{tc} と呼ぶ．d_{pc} と d_{tc} との間には，熱伝導や分子拡散の性質から次の関係がある．

$$d_{pc}/d_{tc} = 0.65 \tag{4.3}$$

d_{pc} と d_{tc} は常温・常圧下では1mm前後であり，圧力や層流燃焼速度が増すと減少する．

フレームトラップは予混合気の流路に多孔板，ハニカム，鋼球層などを挿入して，火炎の伝ぱを阻止するもので，球と球の隙間や穴が d_{pc} または d_{tc} 以下になるように設計される．その際，温度と圧力の変化に伴う d_{pc} や d_{tc} の変化と，トラップを通り抜けた後の再着火には注意する必要がある．

4.2.2 乱流予混合燃焼

実用燃焼装置における流れのほとんどは乱流であるが，そのような場を伝ぱする乱流予混合火炎は，つぎのような点で層流予混合火炎と異なっている．

(1) 燃焼速度が層流予混合火炎の数倍から，ときには数十倍にも達することもある．

(2) 0.1～1mmであった火炎帯の厚みが増加し，ときには数十mmにも達することもある．また，薄い青色を呈していた火炎が白味を帯び，輝度が格段に高くなる．

(3) 燃焼ごう音と呼ばれる白色雑音が発生するとともに，火炎背後の未燃分が増加する．

最近の研究によると，乱流予混合火炎は，ほとんどの場合，層流火炎にしわが寄り，波打っているような**しわ状層流火炎**，もしくは火炎の断片（**フレーム**

レット）や燃焼する渦糸の集合体構造をとるとされている．とすれば，4.2.1 B項で述べた第二の燃焼速度の定義より，火炎にしわが寄ったり，断片化して火炎面積が増えた分だけ，燃焼速度が増加すると考えられる．ただ，渦糸に沿って火炎が局部的に高速で伝ぱしたり，渦糸が火炎を歪ませることが重要だとする考え方も有力である[4-5]．

先に，乱流燃焼速度 S_T が層流燃焼速度 S_L の数倍から，ときには数十倍にも達することもあると述べた．この問題を定量的，かつ正確に扱うことには，かなりの困難がある．この問題については文献(4), (5)などを参照されたいが，一応の目安を与える Andrews らの研究結果[6]を紹介する．

かれらは前述の(3)の機構，すなわち，予混火炎が低温の未燃混合気の方に伝ぱする原動力となる熱面の移動が，層流予混火炎では熱拡散率 $a(=\lambda/c_p\rho)$ の平方根に比例したものが，乱流予混火炎では渦拡散係数 D_T ($\propto L_E u'$，ただし，L_E は乱れの Euler マクロスケール，u' は乱れの強さ) の平方根に比例すると仮定して，次式を作成した．

$$S_T/S_L \propto (D_T/a)^{1/2} \tag{4.4}$$

これに等方性乱流の理論を適用することによって，次式が得られる[7]．

$$S_T/S_L = kR_T = k(l_T u'/\nu) \tag{4.5}$$

ただし，k は経験定数($=0.048$)．R_T は Taylor ミクロスケール l_T を代表長さ，乱れ強さ u' を代表流速として定義される乱流レイノルズ数($= l_T u'/\nu$)，ν は動粘度である．すなわち，S_T は乱流レイノルズ数 R_T に比例して増加する．

多くの研究者の実験データを S_T/S_L-R_T 平面上にプロットし，式(4.5)と比較した結果が図 4.5 である[6]．理論の立て方が粗雑な割には，何とか許容できる一致度が得られている．

【例題 4-3】 当量比 1.0 のメタン-空気混合気流があり，温度は 25°C，圧力は 1 atm，Taylor ミクロスケール $l_T = 3.0$ mm，乱れ強さ $u' = 1.0$ m/s，混合気の層流燃焼速度 $S_L = 0.45$ m/s，動粘度 $\nu = 14.0$ mm²/s とする．この条件で，乱流燃焼速度 S_T はいか程と推測されるか．

［解］ 乱流レイノルズ数 $R_T = l_T u'/\nu = 3.0 \times 10^{-3} \times 1.0/(14.0 \times 10^{-6}) = 214$
式(4.5)より，$S_T/S_L = kR_T = 0.048R_T = 0.048 \times 214 = 10.27$
∴ $S_T = 10.27 \times 0.45 = 4.62$ m/s．ただし，これは非常に確度の低い推定値である．

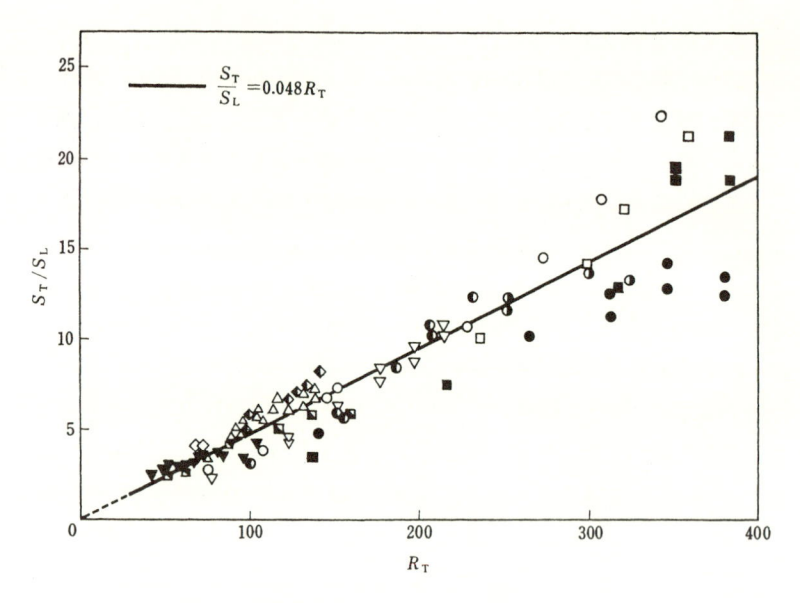

図 4.5　S_T/S_L と R_T の関係[6]

4.3　拡散燃焼（非予混合燃焼）

4.3.1　層流拡散火炎の構造

　燃料と空気との境界に形成され，燃料と酸素が互いに反対側から拡散することによって維持される火炎を**拡散火炎**，もしくは**非予混合火炎**と呼ぶ．燃焼生成物は拡散によって境界から両側に取り除かれる．通常，化学反応速度は拡散速度に比べて十分速く，燃焼率は拡散速度によって制限される．したがって，反応帯の厚みは十分薄く，零と見なして差し支えない．反応帯の厚みを零と見なす拡散火炎のモデルを**火炎面モデル**と呼ぶが，それを模型的に描くと，図4.6のようになる．図中，T は絶対温度，m_F, m_O, m_N, m_P は燃料，酸素，窒素，燃焼生成物の質量分率である．火炎面における m_F と m_O の勾配は，燃料と酸素の拡散量が量論比に等しくなるように自動調節される．T と m_P は火炎面でとがったピークを持つように描かれているが，実際には熱解離，ふく射損失，燃料の熱分解などによってピークに丸みが出て，中間生成物が出現する．

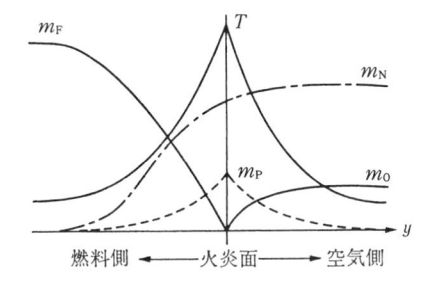

図 4.6 拡散火炎の火炎面モデル

4.3.2 乱流拡散火炎の構造

乱流拡散火炎も,瞬間的には層流拡散火炎と類似の構造をとるが,渦の通過によって火炎面が波打って,しわが寄る.しわの存在する範囲内でガスを急冷しながらサンプリングすると,あたかも燃料と酸素が共存しているように見える.乱流火炎は層流火炎に比べて**燃焼率**(火炎の単位面積,単位時間当たりの燃料消費率)が高いが,これは

① 乱れによって火炎に凹凸や火炎片が生じ,火炎の面積が増大する,

② 火炎の凹凸や脈動によって火炎面における m_F と m_O の勾配が変化し,それによって火炎面への燃料と酸素の拡散速度が増加する,

③ m_F と m_O の勾配部,すなわち火炎帯の厚みより小さなスケールの渦によって燃料と酸素の拡散速度が増す,

④ 渦による火炎帯への空気や燃料の巻き込みによって混合が加速される,

のいずれかによるか,もしくはこれらの複合効果による.

4.3.3 拡散火炎の形態

拡散火炎には図 4.7 に示すごとく,(a) バーナポートから静止空気中に噴出する燃料噴流の界面に生じる**自由噴流拡散火炎**,(b) バーナポートから空気流と同軸に吹き出された燃料流の界面に生じる**同軸流拡散火炎**,(c) 対向する燃料流と空気流の衝突面に生じる**対向流拡散火炎**,(d) 空気流に対向して吹き出された燃料噴流の岐点から界面にかけて形成される**対向噴流拡散火炎**などがある.

(a) 自由噴流拡散火炎

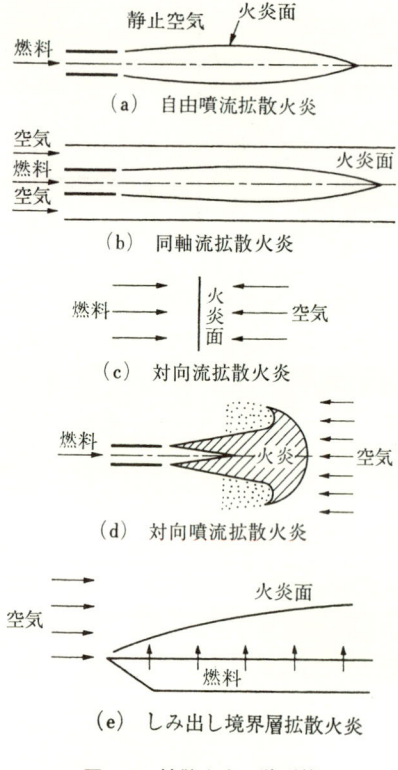

(b) 同軸流拡散火炎

(c) 対向流拡散火炎

(d) 対向噴流拡散火炎

(e) しみ出し境界層拡散火炎

図 4.7　拡散火炎の諸形態

4.3.4　噴流拡散火炎

同軸流拡散火炎の内，燃料流の流速が周囲空気流の流速より高い**同軸噴流拡散火炎**と**自由噴流拡散火炎**を合わせて**噴流拡散火炎**と呼ぶ．噴流拡散火炎の形状と長さ x_f は燃料流速 u_F によって，図 4.8 のように変化する[8]．

燃料流速の低い層流領域では，乱れのない層流火炎が形成される．簡単な解析によると[9]，

$$x_f \propto u_F d^2/D_F \tag{4.6}$$

となる．ただし，d はバーナ口径，D_F は燃料の拡散係数である．つまり，火炎長さはバーナ口径の2乗と燃料流速に比例する．これは図 4.8 に示された実測値の傾向とよく合っている．

ところが，燃料流速がある限界を超えると火炎の先端に乱れが生じ，流速の

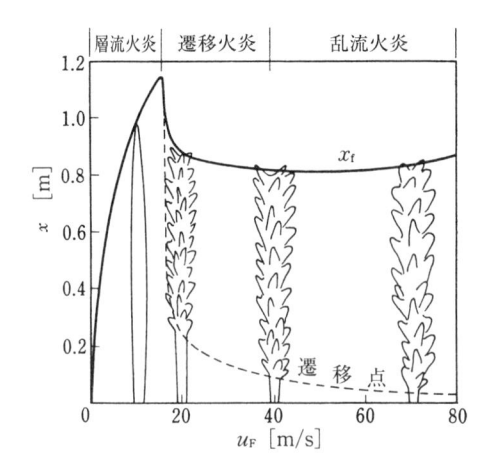

図4.8 噴流拡散火炎の形状と長さ[8]

増加とともに乱れの生じ始める**遷移点**（図中に破線で表示）が，火炎基部へと下がってくる．ほぼ火炎全体が乱流火炎に遷移し終わって以後の乱流火炎領域では，式 (4.6) の D_F を渦拡散係数 ε に置き換えなければならないが，混合距離仮説を採用し，混合距離を l，乱れの強さを u' とすると，

$$\varepsilon = lu' \propto du_F \tag{4.7}$$

なる関係があるから，式 (4.6) はつぎのようになる．

$$x_f \propto u_F d^2/(du_F) = d \tag{4.8}$$

これによると，乱流火炎の領域では，火炎の長さは流速に関係せず，バーナ口径に比例するということになるが，これは図 4.8 に示した実測値の傾向と一致している．

【例題 4-4】 自由噴流拡散火炎があり，バーナ管の直径が 10 mm であったとする．流速を変えずに直径を 3 倍の 30 mm にしたら，火炎の長さは何倍になるか．

[解] 層流火炎ならば，式 (4.6) が適用できて，$x_f/x_{f0} = (d/d_0)^2 = 3^2 = 9$
すなわち 9 倍に伸びる．
乱流火炎ならば，式 (4.8) が適用できて，$x_f/x_{f0} = d/d_0 = 3$
すなわち 3 倍に伸びる．

4.4 部分予混合燃焼

　予混合燃焼は，① 燃焼室（もしくはその一部分の）単位体積当たり熱発生率と定義される**燃焼負荷率**を高くとれる，② 燃焼過程で出現する最高温度が混合気の断熱燃焼温度を超えないことが保証されており，1800 K 以上の高温で生成されるサーマル NO_x の排出抑制に好都合である，といった利点がある反面，後述の逆火や振動燃焼，燃焼騒音の危険性が高く，工業的には使いにくい，という難点がある．

　一方，拡散燃焼は，① 逆火の危険が全くなく，② 広い流速範囲で火炎の安定が保証され，③ 振動燃焼や燃焼騒音の発生もほとんどない，という利点がある反面，① サーマル NO_x の抑制が困難である，② すすや粒子状物質が発生し易い，③ 火炎が長く伸びるため，燃焼室の長さを延長しなくてはならず，必然的に燃焼負荷率が低下する，という欠点がある．

　そこで，燃料に火炎の伝ぱ性が生じないか，問題にならない程度に収まる空気を予混合しておくことで，使い易い，中庸の性質を持った火炎を形成しようと言うのが**部分予混合燃焼**である．

　燃料の可燃濃度範囲は表 4.2 に与えられており，過濃可燃限界以下の空気混入量ならば，逆火の危険性は全くなく，振動燃焼，燃焼騒音の危険性もほとんど生じない．この燃焼法は技術的には何の問題も起こさないが，理論解析の際に火炎の両側に酸素が存在することで，若干の困難が生じる．ディーゼルエンジンの超高圧噴射などでは，局部的に利用されているようでもあり，今後，もっと使用が検討されてよい燃焼技術と思われる．

4.5 爆発とデトネーション —— 事故との関連

4.5.1 爆発とデトネーション

　一口に「爆発」と言っても，「急激な燃焼」といった日常的な使い方が多用されており，「エンジンの爆発」という言葉遣いはその典型である．正確には，**爆発**には二つの意味があり，一つは可燃物の塊が暴走的な反応状態となり，温度の上昇によって反応が加速され，加速された反応によって温度がさらに上昇するといった制御不可能な暴走的プロセスをたどる現象を意味する．今一つの

4.5 爆発とデトネーション—事故との関連

意味は，圧力波に先導される急激な燃焼反応が発生し，未燃混合気中を音速の数倍と言う高速で燃焼波が伝ぱする現象で，**デトネーション**と呼ばれる[10-12]．

前者の例がガソリンエンジンにおける**ノッキング**であり，ピストンの断熱圧縮作用で高温・高圧化したエンドガスが，早期に燃焼した混合気の膨張によってさらに圧縮され，点火プラグから伝ぱしてくる火炎の到達を待たずに自発着火して，圧力波を発生させる．その結果はノック音，冷却水温の上昇，放熱損失の増加による熱効率の低下となって現れる．現象は緩やかであるが，石炭のボタ山の**自然発火**も類似の現象である．一般に，可燃物を酸素が共存する状態で完全断熱状態に置くと，かならず熱が蓄積して，暴走的燃焼反応，すなわち爆発を起こす[10]．

後者の例は火薬の爆発である．これは，非常に強い圧力波（衝撃波）が反応性の高い可燃物の中を通過すると，その背後で急激な発熱反応が生じ，熱力学の一次元気体力学の教えるところにより圧力波が音速の何倍もの速さ（酸素-水素混合気で最高 3400 m/s）に加速されて，一瞬の間に膨大な燃焼ガスを発生させる[13]．その慣性効果によって超高温・超高圧が発生し，音速の高い液体や固体の爆薬の場合，その破壊力は支え得る壁材料が存在し得ない程になる．恐ろしいのは，通常の燃焼波（火炎）が，条件によってはデトネーションに遷移することである．表 4.3 にデトネーション速度の測定値と，一次元気体力学による計算値を示しておく[12]．

なお，可燃限界に似たデトネーション限界というものがあり，通常は純酸素と水素や炭化水素蒸気の混合気の内，一部のものしかデトネーションを起こさ

表 4.3 デトネーション速度[12]

混合気組成（体積比）				理論値 m/s	実測値 m/s
燃 料		酸化剤			
H_2	4/5	O_2	1/5	3427	3390
H_2	2/3	O_2	1/3	2852	2825
H_2	1/4	O_2	3/4	1747	1763
CH_4	1/2	O_2	1/2	2637	2528
CH_4	2/5	O_2	3/5	2531	2470
C_2H_2	0.412	O_2	0.588	2528	2540
C_2H_2	0.505	O_2	0.495	2762	2768

ない.しかしモノシラン(SiH_4)と笑気ガス(N_2O)の混合気が小さなボンベ内でデトネーションを起こし,大事故に至った例もある.

4.5.2 燃焼波のデトネーションへの遷移

最初からデトネーションを発生させる意図がある場合には,次の方法によれば確実である.

(1) 衝撃波管(ショックチューブ)を用いて,強力な衝撃波を入射させる.
(2) 強力な電気火花,レーザビーム,火薬を用いて,衝撃波を作り出す.

問題は,その意図がないのに,通常の火炎が,層流火炎から乱流火炎を経て,最終的にデトネーションに遷移する現象である.この現象は非常に複雑で,静電放電,断熱圧縮,固体粉末の摩擦加熱など,些細な原因で火炎が発生し,伝ぱしている内に乱流火炎に遷移したり,圧力波が次々と合体して衝撃波に成長し,ついにはデトネーションに遷移することがあるので,純酸素と可燃ガスとの混合気などを扱うときには注意しなければならない.

一端または両端を閉じた管の閉鎖端で反応性の高い混合気に点火すると,最初は平滑な層流火炎として伝ぱし始めるが,火炎面でのガス膨張で発生した圧力波が他端から反射してきて,層流火炎を乱したり,熱膨張によるガスの加速によって乱れが発生するなどして,層流火炎面が乱され,乱流火炎に遷移する.乱流火炎の伝ぱ速度は層流火炎に比べて遥かに大きいために,一層強い圧力波が発生するようになり,ますます火炎面の乱れが大きくなる.このように火炎の加速に伴って,次第に強い圧力波が発生し,先行した弱い圧力波に追い付き,多くの圧力波が合体して,ついには強力な衝撃波を発生させるに至る.この衝撃波が背後に急速な化学反応を発生させる程強力であれば,その化学反応によって衝撃波が補強され,デトネーション波が形成される.

閉鎖端から初めてデトネーション波が形成されるまでの距離を**デトネーション誘導距離**と呼び,混合気の組成,圧力,温度,管の形状と寸法の関数である.この距離は数 cm から数 m に及ぶが,層流燃焼速度が大きいほど,圧力が高いほど,また管が細いほど,短くなる.

演習問題

(1) 層流燃焼速度の測定法の一つにシャボン玉法といって,供試混合気で膨らませたシャボン玉の中心で火花点火し,形成される火炎球半径の増加率から燃焼速

度を決定する方法がある[1]．この場合，火炎球半径の増加率は何に対応し，それからどのようにすれば燃焼速度を求めることができるか考えよ．また，シャボン玉を金属製の球形容器に変更すると，どうなるか．
(2) 衝撃波管（ショックチューブ）を用いると，100 ns 以内に数千 K という高温にまで立ち上がる場の中で化学反応速度や着火遅れを測定することができる[13]．この場合に，衝撃波が化学反応の影響を受けることを考慮する必要があるか．

引用文献

(1) 水谷：燃焼工学・第3版，(2002)，p.81，森北出版．
(2) 疋田，秋田：改定・燃焼概論，標準応用化学講座19，(1971)，p.92，コロナ社．
(3) ストリーロ，R. A. (水谷訳)，基礎燃焼学，(1973)，p.187，森北出版．
(4) 文献(1)の p.96．
(5) 新岡・河野・佐藤（編著），燃焼現象の基礎，(2001)，p.45，オーム社．
(6) Andrews, G. E.・ほか2名, Combustion and Flame, **24**-3 (1975), 285.
(7) 文献(1)の p.99．
(8) Hottel, H. C. and W. H. Hawthorne : Proc. Combust. Inst., Vol.**3** (1949), p. 254, Williams & Willkins.
(9) 文献(1)の p.118．
(10) 文献(1)の p.108, p.191．
(11) 文献(5)の p.52．
(12) 文献(3)の p.265．
(13) 文献(1)の p.189．

参 考 書

水谷幸夫，燃焼工学・第3版，(2002)，p.78，p.187，森北出版．
Beer, J. M. and Chigier, N. A., Combustion Aerodynamics, (1972), Applied Science Publishers.
Glassman, I., Combustion, 3rd Edition, (1996), Academic Press.
平野敏右，燃焼学—燃焼現象とその制御—，(1986)，海文堂．
Lewis, B. and von Elbe, G., Combustion, Flames and Explosions of Gases, 3rd Edition, (1987), Academic Press.
小林清志・ほか2名，燃焼工学—基礎と応用—，(1988)，理工学社．
Kuo, K. K., Principles of Combustion, (1986), John Wiley & Sons.
大竹一友・藤原俊隆，燃焼工学，(1985)，コロナ社．
辻 正一，燃焼機器工学，(1971)，日刊工業新聞社．
Peters, N., Turbulent Combustion, (2000), Cambridge University Press.
Turns, S. R., An Introduction to Combustion: Concepts and Applications, 2nd

Edition, (2000), McGraw-Hill.
Borman, G. L. and Ragland K. W., Combustion Engineering, (1988), McGraw-Hill.
倉谷健治・土屋荘次，燃焼の化学物理，(1968)，裳華房．
Shchelkin, K. I. and Troshin, Ya. K., Gasdynamics of Combustion, (1965), Mono Book.
Soloukin, K. I., Shock Waves and Detonation in Gases, (1966), Mono Book.
新岡 嵩・河野通方・佐藤順一（編著），燃焼現象の基礎，(2001)，p.17，p.81，オーム社．

第5章　液体燃料の燃焼

5.1　燃焼方式の分類

　液体燃料は，一部の例外を除いて液相で反応することはなく，蒸発により発生した燃料蒸気が酸素と反応して燃焼する．したがって，蒸発過程と反応過程とは密接に結び付いている．採用される燃焼方式は燃料の揮発性にも関係し，ガソリンのように揮発性の高い燃料では，蒸発部と燃焼部とを分離して，気体燃料と同様に燃焼させることが多い（例：ガソリンエンジン）．揮発性が灯油程度になると，蒸発燃焼，ポットバーナ，灯芯燃焼，噴霧燃焼など，さまざまな燃焼方式が採用される．重油では，ほとんどが噴霧燃焼である．超重質油になると，加熱して粘度を下げた後に噴霧燃焼するか，流動層燃焼方式を取るかが選択される．

5.1.1　蒸発燃焼

　ガソリンエンジンでは，気化器方式にせよ，吸気管内燃料噴射方式にせよ，またはシリンダー内燃料噴射方式にせよ，火花点火して火炎が伝ぱし始めるときには，通常，ガソリンは蒸発を終えている．また，灯油を燃料とするファンヒータの多くは，電気ヒータを熱源とする蒸発器で気化した灯油を空気とともにバーナに送って，予混合燃焼させる蒸発型燃焼器（**青炎バーナ**）を装備している．ただ，室内排気式青炎バーナは，臭いなどの点では優秀であるが，NO_xの排出濃度に問題がある．

　工業的に重要なのはガスタービンの**蒸発型燃焼器**と**予蒸発・予混合触媒燃焼方式ガスタービン燃焼器**である．前者は，図5.1に模型的に示すように，液体燃料が少量の空気とともに，火炎によって赤熱されたL字形，もしくはJ字形（傘の柄の形をしたものを数本束ねて直線部分を共通管とし，上流から燃焼器軸に沿って差し込む）の蒸発管に送り込まれ，蒸発して空気とともに噴出する．当初は対向噴流拡散火炎を形成して，短い燃焼器で完全燃焼するものと期

78　第5章　液体燃料の燃焼

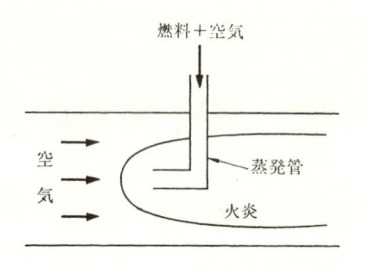

図 5.1　蒸発型燃焼器

待されたが，周期的に粗大油滴が噴出することが避けられないと分かって，見捨てられた状態になっている．

一方，後者の予蒸発・予混合触媒燃焼方式ガスタービン燃焼器は，圧縮機で断熱圧縮されて温度の上昇した燃焼用空気流中に燃料を噴射して，着火しないように注意しながら蒸発・予混合させ，燃焼器内に設置されたハネカム形高温触媒内で着火・燃焼させる．

通常のガスタービン燃焼器では，火炎を安定させるためだけに高温燃焼させ，その後，空気で希釈・冷却してタービンに入れるが，この場合はいったん高温にする必要はなく，しかも予混合燃焼なので当量比で決まる断熱燃焼温度を超える場所は存在しない．したがって，窒素酸化物の生成も極めて低く抑えられる．問題は触媒の耐熱性で，タービン入口温度が1500℃を超えて上昇する趨勢なのに，1500℃に長時間，安全に耐える触媒が未完成である．やむを得ず，触媒温度を1300℃以下に抑えて，その下流に燃料の一部を供給し，空間（均質）燃焼を行わせているのが現状である．

5.1.2　ポットバーナ

図5.2のような構造を持つオイルバーナで，ファンヒータや廃油焼却装置に利用される．バーナ側壁を伝っての熱伝導や，火炎からのふく射/対流伝熱によって蒸発温度以上（フラッシュ温度）に加熱されたバーナ底面に，瞬間的に蒸発する割合で灯油を供給して，蒸発燃焼させる．燃焼は基本的に拡散燃焼で輝炎が生じるが，空気穴からの空気と燃料蒸気との混合を促進することで青炎を作る内部構造にすることも多い．前述の青炎バーナに比べて窒素酸化物の排出は少ないようであるが，スタート時の立上がりが遅いのと，すすの排出量がやや多いのが欠点である．

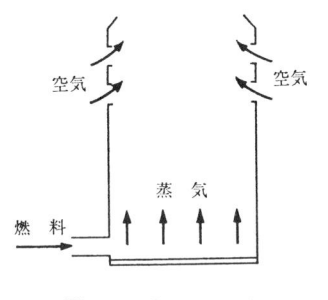

図 5.2　ポットバーナ

5.1.3　灯芯燃焼

図 5.3 は最も基本的な灯芯燃焼の形態であり，石油ランプなどに応用される．対流やふく射によって火炎から灯芯に熱が伝えられ，その熱によって蒸発した燃料蒸気が灯芯の上部や側面で拡散燃焼する．燃料は毛細管現象によって液溜まりから灯芯先端へ吸い上げられる．空気流速が低い間は同軸流拡散火炎と同様の火炎ができるが，空気流速が増加すると灯芯上部に還流領域が生じて，火炎は浮き上がり，形態が複雑になる．また，シース（鞘）からの灯芯の露出が大きく，空気の供給に比べて蒸発量が大きくなると，火炎全体として空気不足の状態となり，先端からすすを発生する．

灯芯燃焼は石油ストーブや家庭用小型石油バーナに適用される．一例として，図 5.4 に複筒型芯上下式バーナの概念図を示しておく．空気の供給は自然

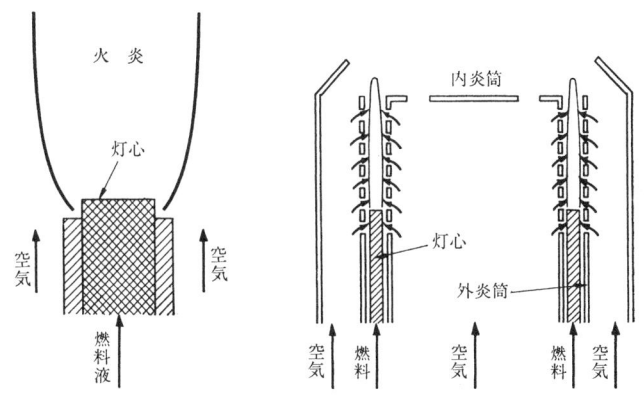

図 5.3　灯芯燃焼　　　　図 5.4　芯上下式バーナ

通風によることが多い．

5.1.4 噴霧燃焼

工業的には，液体燃料を噴霧器によって無数の微細な油滴に**微粒化（霧化）**し，表面積を数けた広げるとともに，空気との混合を制御しながら燃焼させる噴霧燃焼が多用される．応答性・制御性がよく，空間利用効率が高くて，種々の混合パターン，したがって火炎形態が選べる点で，工業目的に適している．また，ディーゼルエンジンには，これ以外に適用し得る燃焼技術は見当たらない．

噴霧燃焼を構成する素過程としては，液体燃料の微粒化，噴霧の流動と混合，油滴/噴霧の蒸発・着火・燃焼などがあり，噴霧の点火と自発着火，噴霧中での火炎伝ぱ現象，保炎，噴霧火炎からの放射伝熱，有害物質の生成などが関係する．

最近では**油滴群燃焼（油滴集合燃焼）**といって，一つ一つの油滴が個々に蒸発や燃焼をするのではなく，不均一にグループを作って，グループ単位で燃焼するという考え方が支持されており，グループの作り方によって，燃焼の仕方や有害物質の生成量が異なるとされている．

5.1.5 流動層燃焼

石油系燃料はA重油，B重油，C重油，超重質油と重質化するにつれて動粘度が高くなるが，動粘度30 cSt（=30 mm²/s）で空気や水蒸気のような噴霧媒体を使わない圧力噴射弁で微粒化ができなくなり，150 cStでは二流体噴射弁でも微粒化できなくなる．また，1000 cStになると，ポンプ輸送も不可能になる．20℃では，A重油8 cSt，B重油100 cSt，C重油3000 cSt程度であるから，圧力噴射弁で微粒化できるのはA重油のみ，二流体噴射弁を使ってもB重油までしか微粒化できない．C重油以上ではポンプ輸送も不可能ということになる．

その対策としては燃料の温度を上げることによって粘度を下げるという方法があるが，ディーゼルエンジンでC重油を燃焼させる場合には100℃以上に加熱しなくてはならず，タンカーでやっているようにアスファルトのような超重質油でディーゼルエンジンを動かそうとすれば，200℃以上に加熱する必要がある．これはやさしいようで実はそうではなく，燃料が熱分解を起こさない

ように，電熱加熱に替えて高圧蒸気で加熱し，かつ一様に加熱するために循環・制御系を設置しなければならない．

　このような困難を避けながら超重質油を燃焼させる手段として，流動層燃焼炉を利用する方法がある．しかも，流動媒体に石灰石やライムストーンを採用すれば，超重質油に多量に含まれている硫黄分から生成する硫黄酸化物を炉内で除去することができる（**炉内脱硫**）．流動層燃焼は超重質油だけでなく，気体燃料から石炭，バイオマス，産業廃棄物，都市ごみにまで幅広く適用できる燃焼法であるので，まとめて第6章で説明することにする．

5.1.6　その他の燃焼方式

　液体燃料の原始的というか，自然に近い燃焼形態として，ポット燃焼，境界層燃焼，液面伝ぱ燃焼，プール燃焼，噴霧デトネーションがある．しかし，これらは工業的な燃焼方式ではなく，噴霧デトネーションを除いては液面燃焼に属し，海面や地面に漏出した可燃性液体が燃焼するときに見られる燃焼形態である．また，噴霧デトネーションは，炭塵／粉塵爆発と同様，目下のところ技術的応用の対象とはなっておらず，爆発事故との関連で研究されている状況である．したがって，これらに関する説明は省略する．

5.2　微粒化―噴霧火炎の形状・特性との関連

5.2.1　微粒化の方法と噴霧器の種類

　微粒化とは，液体燃料を微細な油滴に粉砕して，単位質量もしくは単位体積当たりの表面積を増加させるとともに，油滴の分散，空気との混合を行わせるもので，その後の火炎の形状と性質がほぼこれで決まってしまうという意味で，噴霧燃焼の最初の重要な段階である．通常の微粒化においては，液噴流が空気流と出会って，噴流自体の不安定や擾乱，流速の異なる空気流によるせん断作用，空気流の振動などによって粉砕されるが，例外は超音波微粒化と静電微粒化である．微粒化を行う機能素子を**噴射弁**もしくは**噴霧器**と呼ぶが，特に注目すべき特性はつぎのようなものである．

　① 広範囲の噴射率で良好な**微粒化特性**（油滴の細かさ）を示すこと（許容しうる微粒化特性を示す最大と最小の噴射率の比を**ターンダウン比**と呼ぶ）．

　② 形成される噴霧の広がりと形が燃焼器に適合していること．

③ 噴霧の運動量流量（**推力**[*1)]と呼ぶ）が適当であること．推力が高すぎると，火炎が長く伸びすぎたり，火炎の安定化（**保炎**）が困難になったり，あるいは壁に衝突したりするが，低すぎると空気流への貫通力が不足して，混合不良を起こす．一般には，推力が低目の方が自由が利いてよい．

以下に，よく使われる微粒化方法を挙げ，簡単に説明する．

A．単純噴孔噴射弁（ホール弁）　単純噴孔噴射弁と次の渦巻き噴射弁は燃料油に高圧を掛けて，その圧力を運動量流束に変換することによって高速噴流を形成し，噴流の流体力学的不安定と，空気との間の摩擦によって微粒化を行う．そのことから，他の噴射弁（霧化器）と区別して，**圧力噴射弁**と呼ぶ．液体燃料は空気や水蒸気と違って密度が大きいので，高速噴流を作り出すためには相当の高圧（>5 MPa）を必要とすることが，この方法の欠点である．なお，微粒化特性は噴孔径 D_n だけでなく，L/D_n（図5.5参照）に大きく左右され，ディーゼルエンジンに使用した場合に，エンジン性能やすす発生量に影響する．

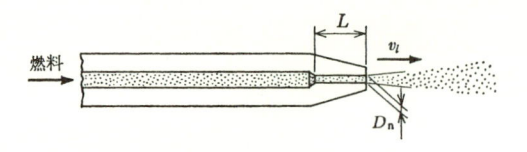

図 5.5　単純噴孔噴射弁

燃料の圧力を上げて行くと，液噴流の流速 v_l はその平方根に比例して上昇する．それに伴って，

$$Re = \frac{v_l D_n}{\nu_l} \tag{5.1}$$

で定義される**噴流レイノルズ数** Re も増大するが，Re が2000を超えるあたりから急速に液噴流の不安定性が増し，周期的な断面積の変化やねじれが見られるようになる．当然，周囲空気との間の摩擦力も増し，噴流から突起（リガメント）が発生して，摩擦により引きちぎられる．ただし，D_n は噴孔直径，ν_l は液の動粘度である．

---

* 1) 消防ノズルから高速で水を噴射すると強い反作用を受けるが，これはロケットと同じ原理であるから"推力（スラスト）"と呼ばれ，貫通力，空気の誘引，微粒化に関係する重要な特性値である．

この摩擦力による粉砕性は，次の**ジェット数** Je に支配される．

$$Je = \frac{\rho_l D_n v_l^2}{\sigma_l}\left(\frac{\rho_g}{\rho_l}\right)^{0.55} \tag{5.2}$$

Je が増して行くと，摩擦力が増して，噴霧に粉砕される位置が上流に移行し，$Je = 400$ では噴孔出口から噴霧流が発生するようになる．ただし，ρ_l は液の密度，σ_l は液の表面張力，ρ_g と ρ_l は空気と液の密度である．

【**例題 5-1**】 噴孔径 0.25 mm の単純噴孔噴射弁から大気中に水を噴射するとき，噴口を出た直後から噴霧流が発生するようにするためには，どれだけの噴射圧を必要とするか．ただし，水と空気の密度は $\rho_l = 998 \text{ kg/m}^3$ と $\rho_g = 1.161 \text{ kg/m}^3$，水の表面張力 $\sigma_l = 0.073 \text{ N/m}$，ノズルの速度係数は 0.95 とする．

［解］ 噴孔直後から噴霧流が発生する条件は，
ジェット数 $Je = (\rho_l D_n v_l^2/\sigma_l)(\rho_g/\rho_l)^{0.55} \geqq 400$．
∴ $v_l^2 \geqq (\sigma_l/\rho_l D_n)(\rho_l/\rho_g)^{0.55} \times 400$
$= [0.073/(998 \times 0.25 \times 10^{-3})](998/1.161)^{0.55} \times 400 = 4810 \text{ m}^2/\text{s}^2$．
∴ $v_l \geqq 69.4 \text{ m/s}$．ところで，$v_l = c_v\sqrt{2p_j/\rho_l}$．
∴ $p_j = (\rho_l/2)(v_l/c_v)^2 \geqq (998/2)(69.4/0.95)^2 = 2.659 \cdot 10^6 \text{ Pa (gauge)}$．
すなわち，2.66 MPa (gauge) 以上の噴射圧を必要とする．

単純噴孔噴射弁には，以下のようなバリエーションがある．
(1) 噴孔を一つだけ持つ**単孔ホール噴射弁**と 4～9 個の噴孔を円錐面に沿って配置した**多孔ホール噴射弁**で，主としてディーゼルエンジンに使用される．
(2) 噴孔が常時開放状態にある**開放ホール噴射弁**と，液圧がある値以上になる期間のみ，ばねの力に抗してニードル弁が開く**自動ホール噴射弁**で，やはりディーゼルエンジンに使用される．
(3) 自動単孔ホール噴射弁の内，噴口からニードル弁の先端が顔を出し，その絞り作用や後流を微粒化に有効に利用する**ピントル噴射弁**と**スロットル噴射弁**（前者は先端部がストレート，後者は末広がりの円錐形）で，主として副室式（特に予燃焼室式）のディーゼルエンジンに使用される．

B．渦巻き噴射弁（スワール弁） 噴射弁先端に設けた旋回室に接線方向に燃料を送り込み，オリフィス状の噴孔エッジから溢れた渦中央部を液膜状に

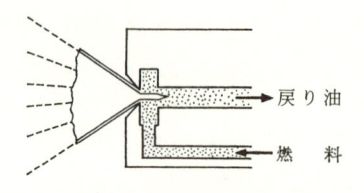

図 5.6 渦巻き噴射弁

噴射する．図5.6に**戻り油式渦巻き噴射弁**の原理図を示す．噴射圧力を増して行くと，中心部の負圧のため最初チューリップ状に閉じていた液膜の先端が円錐状に開き，次第に波打ち始める．そして，ついには周囲気体との摩擦によって，噴口から噴霧流に分裂し始める．

図5.6と違って戻り油流路のない**シンプレックスタイプ**では，ターンダウン比を3：1程度にしか取れない．そこで，噴射圧力，したがって旋回速度と液膜速度を低下させずに噴射率を低減できるように，噴射弁中心軸に沿って，または外周部に戻り油の流路を設ける**戻り油式**（図5.6）や，旋回室への接線流入路を噴射率によって大小に切り換える**デュープレックスタイプ**が考案された．さらには旋回室と噴口も切り換える**デュアルオリフィスタイプ**が考案され，ターンダウン比が10：1くらいまで広がった．

単純噴孔噴射弁の用途がディーゼルエンジン中心であったのに対して，渦巻き噴射弁はガスタービン，中・小型ボイラ，工業炉など，中・軽質油を燃料とする連続燃焼装置に広く応用される．**ガンタイプバーナ**[*2)]といって，モーター，燃焼用空気ファン，燃料加圧・供給ギヤポンプ（歯車式油ポンプ），渦巻き噴射弁，保炎器，火炎検知器がホールインワンで組み込まれた汎用油バーナが大小さまざま製造・販売されている．

C．二流体噴射弁 空気または水蒸気を噴霧媒体として，燃料噴流と同軸に噴射したり（外部混合式），混合室であらかじめ混合してから噴射するタイプ（内部混合式）の噴霧器で，主として重質油を燃料とする中・大型連続燃焼機器に適用される．ガスは密度が低いために，低い噴射圧力でも噴射速度が高く，噴射速度の低い燃料噴流との間に大きな相対速度を生じて，せん断による微粒化が活発化する．微粒化性能は非常に良好で，噴霧媒体に高温の水蒸気を使えば，予熱効果によって高粘度液でも微粒化できる．その上，噴流速度も上

---

* 2) 長い送油管の先端に渦巻き噴射弁が装着された形が銃に似ているところから，この名がある．

(1) 外部混合式二流体噴射弁　図5.7は，噴霧媒体（空気/水蒸気）の噴口の内部に，同軸に燃料噴口を配置し，二つの噴流を大きな相対速度で接触させる外部混合式二流体噴射弁である．図のように燃料噴口を噴霧媒体噴口の上流に位置させるタイプと，下流に位置させるタイプとがある．燃料の体積流量の1000倍以上という多量の噴霧媒体を必要とするから，実用機器には不向きであるが，微粒化性能の予測が容易で，主として研究用に使用される．

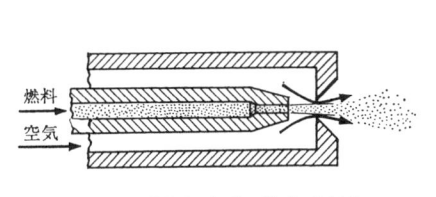

図5.7　外部混合式二流体噴射弁 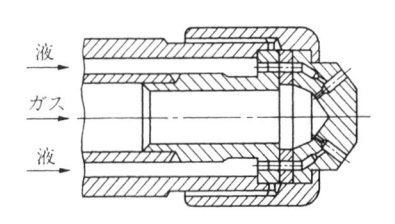　　　図5.8　Yジェット式二流体噴射弁

(2) 半内部混合式二流体噴射弁　図5.8は**Yジェット式噴射弁**と呼ばれる半内部混合式二流体噴射弁である．図に示すように，適当な角度を持ったテーパー面上のピッチ円に沿って数個から10個以内の噴孔を配置する．各噴孔は直径がやや大きく，混合室を兼ねている．底面からは噴霧媒体（主として高圧空気）が，側面からは液体燃料が供給され，混合して噴射される．供給穴の接続形状がY形をしていることからこの名称がある．ノズルチップは袋ナットを用いて装着されるが，チップの交換によって，噴霧角が簡単に変更できる[2]．ボイラや工業炉など，連続燃焼装置に適用される．

(3) 内部混合式二流体噴射弁　比較的高圧の液体燃料と噴霧媒体（空気/水蒸気）を混合室で混合し，適当なノズルチップから噴射するもので，Yジェット噴射弁の場合と同様，ノズルチップは要求される噴霧形状に合わせて，簡単に交換できるものが多い．図5.9は共振空洞をチップの出口に設置して，発生する超音波の作用で微粒化と混合を促進させようとするもので，チップ交換型とは異なるやや特殊なタイプである．内部混合式二流体噴射弁は高圧の水蒸気を使用できる大型連続燃焼装置に適し，微粒化媒体の消費が少なく，かつ微粒化性能のよいものが種々開発されている．

D．回転体噴霧器（ロータリーアトマイザー）　回転するカップや円盤の

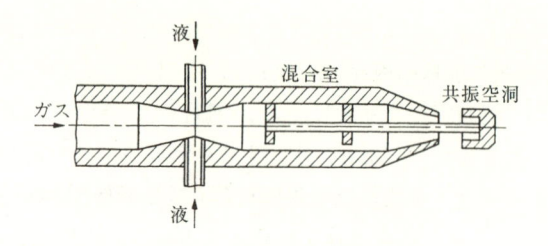

図 5.9　内部混合式二流体噴射弁

縁から，遠心力で飛散する液膜を軸方向の空気流で粉砕するもので，微粒化性能はよくないが，燃料の流路にノズルを持たないので，固形物が混ざっても詰まることがない．ガンタイプバーナと同様に，モーター，ファン，カップを1軸に取り付け，中空軸を通して燃料油を送る，安価なホールインワンタイプのバーナ（**ロータリーバーナ**と呼ばれる）として製造・販売される．この噴霧器は固形物を含んだ廃液の焼却に適している．

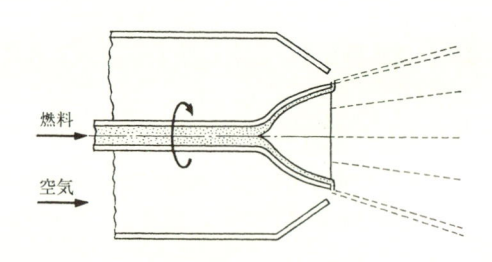

図 5.10　ロータリーバーナ

E．その他の微粒化方法　　以上が液体燃料の燃焼によく使われる微粒化技術であるが，それ以外に以下のものがある．

(1)　**衝突式噴霧器**　燃料を固体面に衝突させるものと，2本または3本の液噴流を衝突させるものとがある．後者は液体ロケットに利用されるが，燃料噴流と酸化剤噴流とを衝突させるものでは，微粒化と同時に，混合も行われる．

(2)　**超音波噴霧器**　**共振空洞式超音波噴霧器**と**振動面微粒化式超音波噴霧器**の2種類がある．図5.9は内部混合式二流体噴射弁に共振空洞を付加したものであるが，二流体噴射弁の微粒化特性をホイッスルの相乗効果でさらに向上させようとしたものである．このように，共振空洞式は超音波の微粒化効果だ

けではなく，他の方法との相乗効果を狙うことが多い．同時に，超音波による撹拌作用で蒸発や燃焼の促進も期待できる．

一方，振動面微粒化式超音波噴霧器は，図5.11に示すように，10～100 kHzの超音波振動する固体面（振幅増幅用ホーンの先端面）に燃料を供給し，キャピラリウェーブの分裂を利用して微粒化する．運動量流束の極めて低い低速噴霧が形成でき，かつ噴射率が零に近いところまで良好な微粒化状態を保つので（ターンダウン比＝∞），魅力的である．

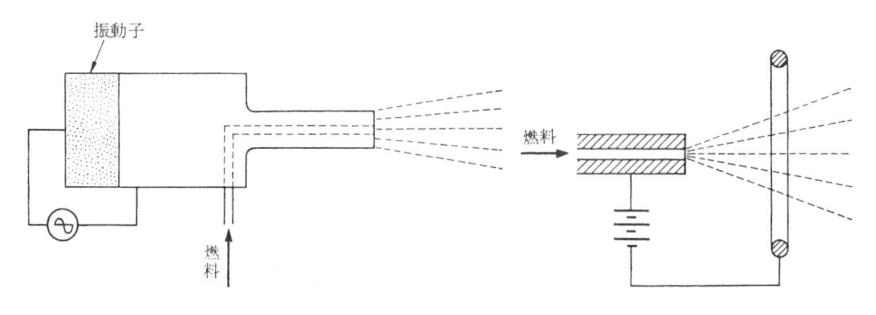

図5.11 振動面微粒化式超音波噴霧器　　図5.12 静電式噴霧器

(3) 静電式噴霧器　図5.12に示すように，液噴流の周囲に置かれたリングと噴口の間に高電圧を掛け，帯電した液噴流を電場で粉砕するものである．多数の針電極を埋め込んだ絶縁体面に沿って燃料を流すなど，噴口の構造を工夫しないと，能率よく帯電させることができない．金網のように隙間の多い構造物の塗装に，液滴の静電吸着を利用する目的で適用される．

5.2.2 噴霧特性の表示法

噴霧特性を表示する量としては，油滴の粒度分布，平均粒径，分散度，貫通距離，噴射率，推力，旋回度などがある．

A．油滴の粒度分布　粒度分布を表示する方法としては，**粒数分布図，粒数累積分布図，質量分布図，質量累積分布図**の4種類の図式表示法があり，それぞれ柱状図，折れ線図，曲線図の形式で描くことができる．サンプリングされた油滴を粒径によってグループに分け，i番目のグループの中心粒径をd_i，含まれる油滴の個数を$\varDelta n_i$，質量を$\varDelta m_i$，油滴の総数をn_T，全質量をm_Tとする．これを柱状図の形で粒数分布図と質量分布図として表すと，図5.13の

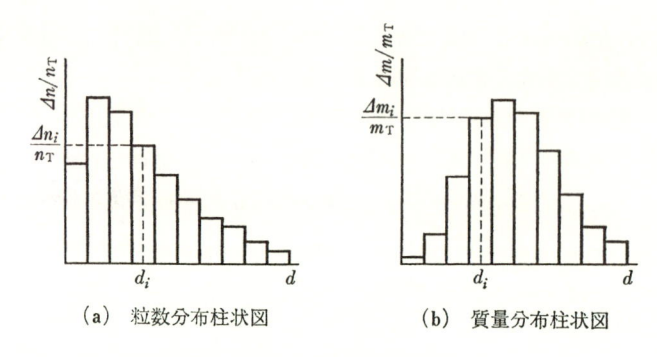

(a) 粒数分布柱状図 (b) 質量分布柱状図

図 5.13　粒度分布の図式表示法

ようになる．ここで

$$(\Delta m_i/m_T) \propto d_i^3 (\Delta n_i/n_T) \tag{5.3}$$

であるから，質量分布図の方が小粒径側で低く，大粒径側で高くなり，ピークの位置が粒径の大きい方へ移動する．また，柱状図の i 番目の柱にそれより左側の柱を積み上げることによって，累積分布図を描くことができる．

　コンピュータで数値解析を行う場合や，比較的少数のサンプルのデータをスムージングする場合には，生データを数式に当てはめて表現しておく方が便利なことも多い．このような目的に使われる数式に，(a) **ロジン-ラムラーの分布関数**，(b) 抜山-棚沢の分布関数，(c) 対数正規分布関数などがある．(a) が簡便な関数，(b) が (a) をスペシャルケースとして含む一般性のある関数，(c) は油滴の衝突や合体が分布形を支配する場合に適する関数である．ここでは，最も簡単なロジン-ラムラーの分布関数について説明する．

　この関数は b と β を適合定数（データに合うように決める任意定数）として，

$$R_m(d) = \exp(-b\,d^\beta) \tag{5.4}$$

で与えられる．ただし，$R_m(d)$ は**残留質量分率**で，直径が d より大きい油滴の質量割合を表す[*3)]．β が大きい程，油滴の均一度（粒の揃っている度合い）が高い．これに関する詳細や他の分布関数については，文献(1)などを参照していただきたい．

＊3) 噴霧を凍らせて，ふるいに掛けた場合に，ふるいの上に残る質量割合（ふるい上）を意味する．この分布関数は粉体の粒度分布を表すのに適するが，簡単なので噴霧などにも適用される．

B. 平均粒径とメディアン直径　もとの噴霧と均一粒径化された後の噴霧とで何を共通にするかで，数種類の平均粒径が提案されている．全質量と全表面積が元のサンプルと等しい均一粒径の噴霧を考え，その粒径を平均粒径とすることにすれば，油滴の数は変わるが，発熱量と蒸発速度が平均化後も変化しないので，好都合である．このような平均粒径のことを**ザウテル平均粒径** d_{m32} と呼び，つぎの式で与えられる[*4)]．

$$d_{m32} = \sum(d_i^3 \Delta n_i)/\sum(d_i^2 \Delta n_i) \tag{5.5}$$

平均粒径と類似したものに**メディアン直径**がある．これは累積分布図で50％の累積値を与える直径を意味し，**粒径メディアン直径**と**質量メディアン直径**とがある．仮に油滴を凍らせてふるいに掛けたとすると，ふるいを通過した油滴（ふるい下）とふるいの上に残った油滴（ふるい上）の数が等しくなるようなふるいの目が粒径メディアン直径，ふるい下とふるい上の質量が等しくなるようなふるいの目が質量メディアン直径である．

【例題 5-2】　ある噴霧を受止め液で受止めて，顕微鏡で粒度分布を調べたところ，次のような結果を得た．この噴霧のザウテル平均粒径 d_{m32} と質量メディアン直径 d_{md} を求めよ．

直径範囲 [μm]	5〜15	15〜25	25〜35	35〜45	45〜55
個数 Δn	150	50	10	3	1

[解]

d_i	10	20	30	40	50	$\sum$
$d_i^2 \Delta n_i$	15000	20000	9000	4800	2500	51300
$d_i^3 \Delta n_i$	150000	400000	270000	192000	125000	1137000
$\sum d_i^3 \Delta n_i$	150000	550000	820000	1012000	1137000	

∴　$d_{m32} = 1137000/51300 = 22.2$ μm．

また，$(1/2)\sum d_i^3 \Delta n_i = 1137000/2 = 568500$．直線内挿を行うことにより，

∴　$d_{md} = 10 \times (568500 - 550000)/(820000 - 550000) + 20 = 20.7$ μm．

[*4)]　式 (5.5) の右辺の分子は平均化する前の全粒子の質量に比例し，分母は表面積に比例する．したがって，平均化した後の粒の揃った粒子も同じ全質量と全表面積を持つことになる．同様にして，$d_{m31} = [\sum(d_i^3(\Delta n_i)/\sum(d_i \Delta n_i)]^{1/2}$ は平均化する前と後で，全質量と直径の総和が等しくなるような平均化で，この方が伝熱学的に合理的な平均粒径を与えるという報告もある[(2)]．

C. 分散度 噴霧の分散特性を表すものに**油滴分散範囲**と**油滴流束分布**とがある。前者は噴口の位置で噴霧輪郭に引いた2接線のなす角度,すなわち**噴霧円錐角**で表される。後者は噴霧軸に直角な平面もしくは噴口を中心とする球面上での油滴流束(単位面積を単位時間に通過する油滴質量)の分布を,噴霧軸からの距離 r もしくは角度 φ の関数として表示するが,軸対称でない噴霧に対しては,平面または球面上の等流束曲線群で表示する。また,80%の燃料が流れる範囲を円錐角で表示する**80%噴霧角**や,ある瞬間を凍結できたとして,油滴の空間密度分布を表す**分布度**が用いられることもある。

D. 貫通距離 ディーゼルエンジンのシリンダー内に間欠的に噴射された非定常噴霧先端の到達距離と定義される。ディーゼルエンジンでは,噴霧先端のシリンダー内壁やピストン頂面への衝突が性能に大きく影響するが,高圧雰囲気中への間欠噴射であることから,限られた燃焼期間中に貫通する距離というものを定義することができる。

E. 噴射率 単位時間当たりの燃料の噴射量と定義され,これもディーゼルエンジンで重要な値である。噴射率はクランク角によって変化するが,噴射率曲線の形によって,エンジン性能やディーゼルノックの強さが決まる。**コモンレール式の噴射装置**[*5)]では,この曲線の形をある程度,制御できる。

F. 推力と旋回度 **推力**は噴射弁に掛かる反力で,単位時間に噴射された燃料(二流体噴射弁では霧化用空気や霧化用蒸気を含む)に与えられる運動量に等しい。**旋回度**はスワール数 S で表示される。両者ともバーナ火炎の長さや周囲空気との混合に関係し,噴霧火炎に与える影響が大きい。

5.2.3 噴霧火炎の形状・特性との関連

微粒化は噴霧火炎の形状と特性を支配する,重要な初期段階である。噴霧角が大きく,比較的低速の噴霧であれば,半径方向に広がった短い火炎が形成される。反対に噴霧角が小さく,高速の噴霧であれば,長く伸びた細い火炎が形成される。もちろん,周囲流の流速や旋回の強さも,その後の火炎の成長に大きく関係する。結局,噴霧火炎を主として支配するのは,噴霧の分散度ならびに噴霧による周囲ガスの誘引と混合と言ってよい。以下に,二つの例について

＊5) 燃料噴射ポンプで加圧された燃料を直接,噴射ノズルに送るのではなく,いったん高圧管に蓄えて,ニードルバルブでタイミングや噴射率を制御しながら,各シリンダーの噴射ノズルに供給する方式。

説明する．

A. 噴霧角の影響　噴霧火炎の長さや形状は，噴霧と周囲空気流との混合に左右されるが，そのことは噴霧角 2θ を変えてみると明らかになる．辻ら[3]は Y ジェット噴射弁から噴射された軽油噴霧の噴霧角を 65°～110°の範囲で変化させて，火炎写真を撮った．そのスケッチを図 5.14 に示す．噴霧角が大きくなると，周囲空気流の噴霧への誘引量が増し，混合が加速される．それが，これだけ大きな火炎長さと形状の差となって現れたのであろう．

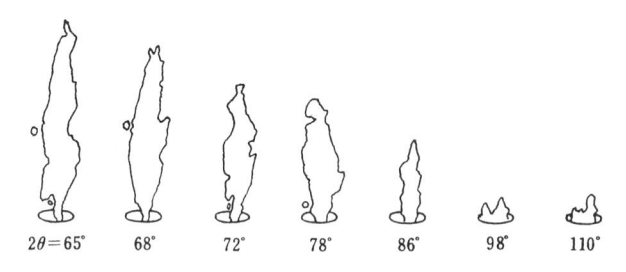

図 5.14　噴霧角 2θ が火炎の長さと形状に及ぼす影響[3]
（軽油の噴射率：50 kg/s，空気比：1.5）

B. 噴霧推力の影響　前沢[4]はロータリーキルン用二流体噴射弁で作られる噴霧火炎に対して，火炎長さ x_f [m] を次式で与えている．

$$x_\mathrm{f} = \frac{30 m'_\mathrm{F}}{(\rho_\mathrm{g} G_t)^{1/2} \tan \theta} \tag{5.6}$$

ここで，m'_F は液体燃料の噴射率 [kg/s]，ρ_g は火炎全長にわたるガスの平均密度 [kg/m³]，G_t は噴霧の推力 [N]，θ は噴霧角（半角）である．図 5.15 に種々の噴孔径を持つ噴射弁に対する火炎長さの測定値と式 (5.6) の比較を示す．両者の一致度は良好であり，火炎長さは噴霧の推力 G_t，噴霧半角 θ ならびに噴射率の関数であることが分かる．

なお，前沢は，火炎軸上でガス分析を行い，火炎先端の空燃比は 18～20 であったと報告している．ところが，連続燃焼火炎を高速度撮影してみると，火炎は定常ではなく，伸縮と破断を繰り返している．このような火炎を肉眼で観察すると，残像効果で，最も長く伸びた状態の火炎先端位置を火炎の長さとして観察してしまう．この状況での火炎先端空燃比が 18～20 であったということは，変動する火炎が最も長く伸びた瞬間の先端位置における時間平均的な空燃比が 18～20 であることを意味しており（理論空燃比は約 15），通常観察さ

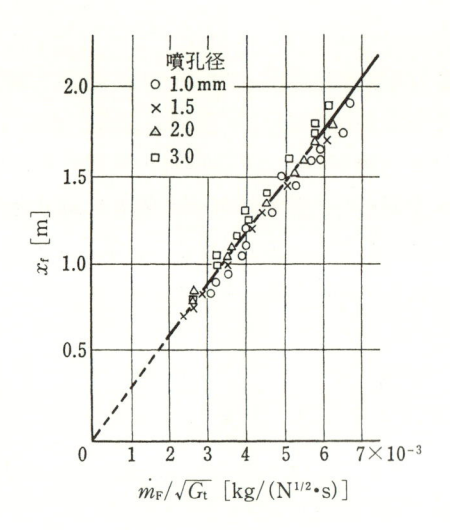

図 5.15 噴霧火炎の長さ[4]

れる火炎長さの意味に貴重な手掛りを与える[*6]。

5.3 油滴の蒸発と燃焼[*7]

高温の空気中に投入された油滴は，ある遅れ期間の後に**自発着火**を起こす．**着火遅れ**は油滴の周囲に可燃混合気が形成されて，着火可能な状態になるまでの**物理的遅れ**と，それから反応が進んで着火に至るまでの**化学的遅れ**に分けられる．

着火すると，油滴周囲に拡散火炎が形成されるが，その形状は油滴と周囲空気との相対速度によって，図5.16のように変化する．(a) は対流が全くない場合で，球形の火炎が形成される．(b) は弱い対流がある場合で，火炎が卵形

---

*6) 火炎が輝いて見えるのは，燃焼反応の有無には関係なく，燃焼ガスと熱的に平衡したすすや粒子状物質が，その色温度の連続スペクトルを放射しているからにすぎない．したがって，輝炎先端で燃焼反応が継続しているという保証はない．このことと，目の残像作用とが火炎長さを決める．

*7) 2〜5個の油滴が線状，もしくは格子状に配列されている状態を**油滴列**と呼び，熱や酸素の交換/分配に関して油滴間に相互干渉が生じる．この場合，1個の油滴が単独で存在する状態（**単滴**と呼ぶ）とは異なる蒸発・燃焼挙動を示す．これに関する知識が噴霧燃焼を理解する上で重要と考える専門家も多いが，本書では油滴の**群燃焼（グループ燃焼）**を基礎とする立場をとる．

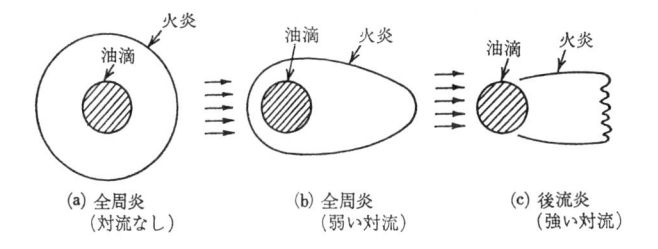

図 5.16 ガスとの相対速度による油滴の燃焼状態の変化[5]

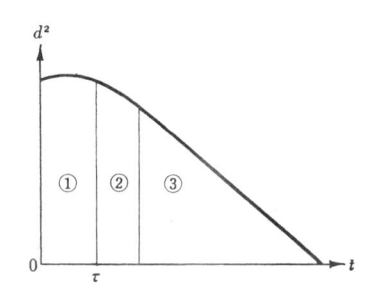

図 5.17 着火・燃焼する油滴の d^2 の変化[5]

に変形する．(a) と (b) の火炎を**全周炎**と呼ぶ．対流の強さがある限度を超えると，突然上流部の火炎が消失して，(c) の**後流炎**に遷移する．全周炎は油滴表面から火炎面に向けて燃料蒸気が，また周囲から火炎面に向けて酸素が拡散して燃焼する拡散火炎で，図 4.6 に示したのと同様の濃度場と温度場が形成される．

投入されてから，着火・燃焼して消滅するまでの，油滴直径 d の 2 乗の時間的変化を示すと図 5.17 のようになる．① は**着火遅れ期間**で，油滴温度が上昇して熱膨張するために直径が多少増加するが，蒸発が盛んになると減少し始める．② は**非定常燃焼期間**で，時刻 τ で着火した後，しばらく d^2 の減少率の小さい期間が続く．**準定常燃焼期間**③ に入ると，d^2 は時間とともに直線的に減少し，ついには消滅する．準定常燃焼期間に対しては，以下の関係が成立する．

$$d(d^2)/dt = -C_b \tag{5.7}$$

着火時刻から積分して（近似的に，$t = \tau$ において $d^2 = d_0^2$ とする），

$$d^2 \fallingdotseq d_0^2 - C_b(t - \tau) \tag{5.8}$$

ただし，d_0 は初期直径，t は時間，C_b は**燃焼速度定数**と呼ばれ，$1\,\mathrm{mm^2/s}$ 前後の値をとる．

なお，噴霧燃焼においては油滴が全周炎に囲まれて燃焼（単滴燃焼）することは少なく，油滴の蒸発により発生した燃料蒸気は，母滴とは無関係に燃焼することが多いが，この場合にも式 (5.8) の関係は成立する．ただ，燃焼速度定数 C_b を**蒸発速度定数** C_e に置き換えなければならないが，この値は周囲温度の影響を大きく受け，$1\,\mathrm{mm^2/s}$ よりはかなり小さな値となる．

着火遅れや燃焼速度定数，蒸発速度定数などの具体的な値，理論解析については，文献(5)などを参照されたい．

5.4 噴霧の蒸発と燃焼

5.4.1 一次元（プラグ流）燃焼器における噴霧の蒸発率と燃焼率

実際の噴霧は噴霧器から噴射される噴流であり，その燃焼過程はかなり複雑であるので，ここでは簡単のために，噴霧を燃焼させる理想的な燃焼器として，**一次元（プラグ流）燃焼器**を考える．そこでは，燃料は上流端で一次元ガス流と同じ速度で微粒化され，最初に同じ断面に存在した噴霧滴は，以後同じ平面を保って，下流に移動するものと考える．ここで，次のような仮定を置く．

(1) すべての油滴は燃焼器入口（$x=0$）で燃焼を開始し，以後，式 (5.8) で $\tau=0$（着火遅れなし）と置いた関係に従って準定常燃焼を行う．
(2) 燃焼速度定数 C_b は一定で，すべての油滴について同一値をとる．
(3) すべての油滴はガスと同じ速度で移動する（ノンスリップ流れ）．

さて，任意の油滴の初期直径を d_0，時刻 t における直径を d とする．また，時刻 $t=0$ に燃焼室に入った液体燃料 G_0 の内，時刻 t までに燃焼（ガス化）した量を G_b，残存量を G とすると，

$$\frac{G}{G_0} = \frac{\int_a^\infty f_n(d_0)\frac{\pi}{6}\rho_l d^3 \mathrm{d}d_0}{\int_0^\infty f_n(d_0)\frac{\pi}{6}\rho_l d_0^3 \mathrm{d}d_0} \tag{5.9}$$

ただし，$f_n(d_0)$ は噴霧の初期粒数分布関数 $\mathrm{d}n/\mathrm{d}d_0$（$n$ は初期直径が d_0 以下の油滴の個数），a は時刻 t にちょうど消滅する（ガス化し終わる）油滴の初期

直径で，$(C_b t)^{1/2}$ に等しい．なお，d と d_0 の間には，次式の関係がある．
$$t < d_0^2/C_b : \quad d^2 = d_0^2 - C_b t, \quad t \geqq d_0^2/C_b : \quad d^2 = 0 \tag{5.10}$$
したがって結局，つぎの関係が得られる．
$$\frac{G}{G_0} = \frac{\int_a^\infty f_n(d_0)(d_0^2 - C_b t)^{3/2} d d_0}{\int_0^\infty f_n(d_0) d_0^3 d d_0} \tag{5.11}$$

Probert[6]によると，$f_n(d_0)$ にロジン-ラムラーの粒度分布関数 [式 (5.4)] をとった場合，適合定数 β の値によって，G/G_0 の傾向が図 5.18 のように変化する．この図から，β の小さい，したがって均一度の低い噴霧は最初の燃焼率は高いが，燃え尽きるのに時間が掛かる．一方，β の大きい，したがって均一度の高い噴霧は最初の燃焼率は低いが，燃え切りが早いことが分かる．これによると，燃焼器を短くするという観点からは，β の大きい，均一度の高い噴霧が望ましい．ただ，その場合，初期の蒸発率が低くなるので，火炎の安定性は劣化する．

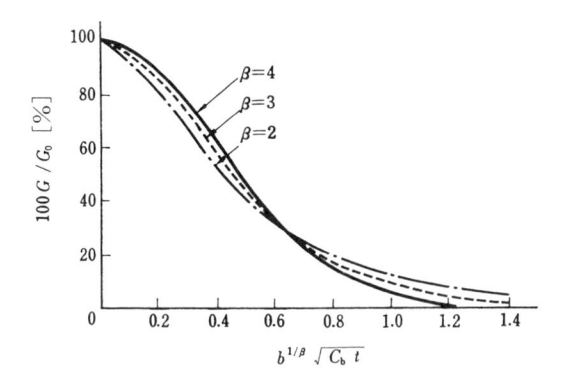

図 5.18　一次元燃焼器における噴霧の蒸発曲線[6]

5.4.2　噴霧中での火炎の伝ぱ

噴霧中での火炎伝ぱ現象，特に気体燃料の層流燃焼速度に対応するデータは噴霧火炎の安定性に対する目安となる．しかし，噴霧火炎の場合，微粒化というダイナミックな現象を伴うので，層流燃焼速度のデータを得ることは容易ではない．というよりは，油滴の蒸発という比較的遅い現象に支配される噴霧火炎はガス火炎と違って，0.1 mm オーダーの厚みを取ることはありえないから

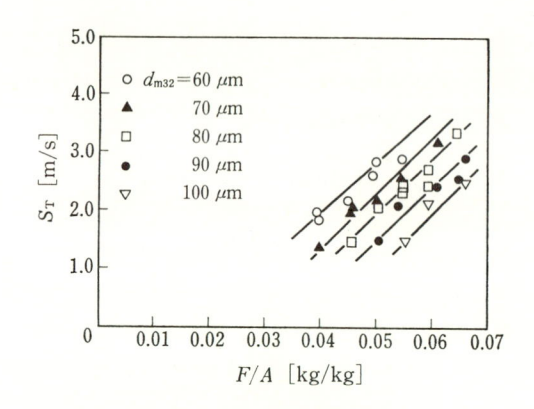

図 5.19 灯油予混合噴霧の乱流燃焼速度[8]
（流速 $U_u = 5.5$ m/s，乱れ強さ $u' = 1.2$ m/s）

（著者の数値解析では 25 mm 程度[7]），熱の層流輸送現象だけで数 m/s もの燃焼速度を実現することは不可能である．このことから，噴霧火炎中では，乱流火炎伝ぱが支配的となるか，燃料蒸気濃度が最適となった経路を火炎が選択的に伝ぱするか，のいずれかが火炎の伝ぱを支配するものと考えられる．

図 5.19 に灯油の予混合噴霧火炎[*8] 中での乱流燃焼速度を測定した例を示す[8]．燃空比 F/A を横軸に，ザウテル平均粒径 d_{m32} をパラメータとして乱流燃焼速度 S_T をプロットしてある．S_T の算出に使用した火炎面は OH ラジカル発光強度がピークをとる位置と定義した．文献(9)に与えられている経験式を，図 5.19 に合わせて修正すると，つぎのような経験式が得られる．

$$S_T = \frac{3400}{d_{m32}}(F/A - 0.012)(u')^{1.15} \tag{5.12}$$

これから，S_T は乱れ強さ u' にほぼ比例して増加することが推測される．なお，文献(10)では，対向層流予混合噴霧火炎の実験で，灯油噴霧の層流燃焼速度として $S_L = 0.34$ m/s を得ているが，局所燃空比の値が明確ではない．また，文献(11)では微小重力実験により，$d_{m32} = 60$ μm に対し当量比 $\phi = 0.2 \sim 1.3$ の範囲で $V_F = 0.35$ m/s なる結果を得ているが，これは円筒容器内での火炎の伝ぱ速度であって，層流燃焼速度と等しいかどうかは明らかでない．

---

* 8) 著者らは，燃料噴射に伴う噴流特有の複雑さを避けて，別の場所で微粒化した噴霧を空気流に乗せて搬送する特殊なバーナを用いて，噴霧の燃焼速度を測定した．この噴霧は噴流的な性質は除去されているが，粒度分布や乱れは存在が許されている．このような噴霧を**予混合噴霧**と呼び，噴霧燃焼の基礎研究に用いて便利である．

5.4.3 噴霧の燃焼

A. 油滴群燃焼（油滴グループ燃焼） 図 5.20 は軸上のパイロット火炎で安定化された一つの予混合噴霧火炎をスローシャッターと高速度撮影で撮った直接写真であるが[8]，一見定常に見える火炎も，瞬間的には非常に不均一な形態をしている*9)．油滴群燃焼仮説の提唱者である Chiu ら[12]は，図 5.20(a)のような噴霧火炎全体が，個々の油滴としてではなく，一つのグループとして燃焼していると考えて，この仮説を提案したようである．しかし，著者は図 5.20(b)における個々の火炎塊が別々にグループ燃焼すると考える方が合理的であるとの見方をとっており，その考え方に沿って話を進める*10)．

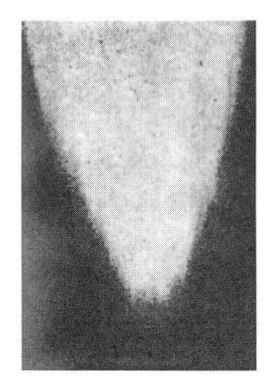

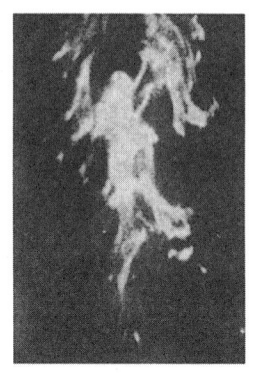

(a) 露出時間 1/15 s (b) 5000 駒/s

図 5.20 露出時間による火炎像の変化[8]（灯油，$U_u = 4.3$ m/s, $u' = 0.98$ m/s, $d_{m320} = 47$ μm, $F/A = 0.05$）

Chiu らは，直径 d の均一粒径油滴から成る直径 D の球形油滴塊の群燃焼を理論的に解析し，図 5.21 に示す 4 種類の燃焼形態があり得ることを見出した[12]．そして，どの形態が現れるかを判定する**群燃焼数** G を，つぎのように定義した．

$$G = 1.5Le(1 + 0.276Sc^{1/3}Re^{1/2})n_\mathrm{T}^{2/3}/(l/d) \tag{5.13}$$

---

*9) もちろん，高速度撮影に掛かるのは輝炎のみで，青炎は写らない．しかし，仮に輝炎の周囲には青炎があり，伝ぱし易い経路を通って**選択的火炎伝ぱ**を行っているにしても，予混合噴霧火炎でさえも見掛けよりは不均一な構造を持っており，グループ的な振る舞いをしているように見える．

*10) H. H. Chiu とは何度も議論をしたが，いまでは Chiu も著者の意見に賛成しているようである．

(a) 単滴燃焼   (b) 内部群燃焼

(c) 外部群燃焼   (d) 外殻燃焼

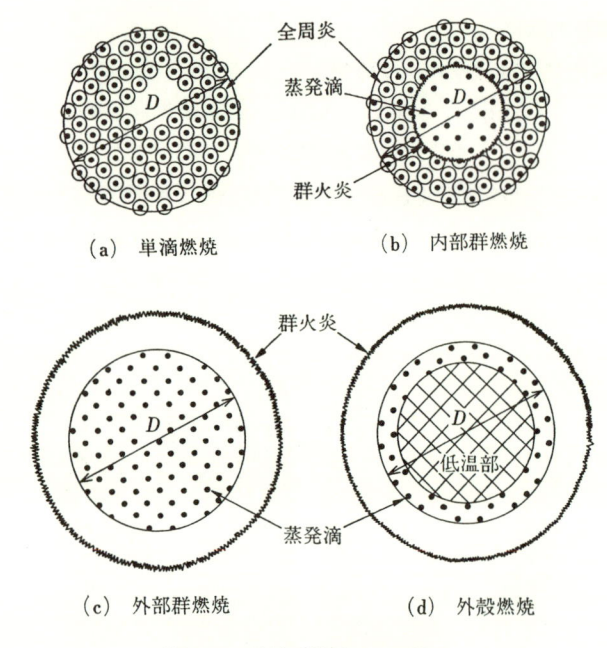

図 5.21 油滴群燃焼の 4 形態[12]

ただし，Le はルイス数，Sc はシュミット数，Re は油滴に対するレイノルズ数，n_T は油滴塊に含まれる油滴総数，d は油滴直径，l は平均油滴間距離で，右辺の第 1 括弧の中は，油滴のヌッセルト数のレイノルズ数依存性を表す[*11]．

ここで重要なことは，群燃焼数 G が油滴塊に属する油滴の総数 n_T の 2/3 乗に比例し，油滴直径 d で正規化した油滴間距離 l に反比例することである．すなわち G は，直径 D の油滴塊の中に含まれる油滴数が増すと増加し，油滴の相対間隔が増加すると減少する．Chiu らは，G が増加するにつれて，燃焼状態が図 5.21 の (a) **単滴燃焼** ($G < 10^{-2}$) から (b) **内部群燃焼** ($G = 10^{-2} \sim 1$)，(c) **外部群燃焼** ($G = 1 \sim 10^2$)，(d) **外殻燃焼** ($G > 10^2$) へと変化することを予測した．

---

*11) $Le = D/a$：物質と熱の拡散速度の比を表す．ただし，D は分子拡散係数，a は熱拡散率．
$Sc = \nu/D$：運動量と物質の拡散速度の比で，ν は動粘度．
　　$Sc = 1$ のとき，速度場と濃度場が相似になる．
　油滴のヌッセルト数：$Nu = ad/\lambda$．ただし，a は熱伝達率，λ は熱伝導率．
　　$Re = 0$ のとき $Nu = 2$．$Re \neq 0$ のとき，$Nu = 2.0(1 + 0.276\,Sc^{1/3}Re^{1/2})$ となる．

(a) 単滴燃焼 油滴数が少なく，油滴間隔が広いので，油滴塊の中心部まで酸素の供給がよく，油滴は個々に全周炎に囲まれて燃焼する．

(b) 内部群燃焼 油滴塊中心部で酸素の供給が不足し，全周炎を形成できなかった燃料蒸気が共通の群火炎を作って燃焼するが，外周部では単滴燃焼が続いている．

(c) 外部群燃焼 総蒸発率に比べて酸素の供給率が大きく不足し，単滴燃焼する部分は消失する．この場合は油滴塊の外部に油滴塊共通の群火炎が形成される．

(d) 外殻燃焼 油滴の密集度が高過ぎて油滴塊の温度が上昇せず，蒸発が外周部に限られる．もちろん，群火炎が油滴塊の外部に形成され，全体が単一の巨大油滴のように燃焼する．

なお，油滴群燃焼仮説は均一粒径油滴群を想定して立てられたものであり，粒度分布を持った噴霧の燃焼に適用するに当たっては，解釈に注意が必要である．

【例題 5-3】 直径 30 μm の灯油（密度 820 kg/m³，理論空燃比 14.8 kg/kg）の滴が集合した均一粒径の球形油滴塊があり，その内部は温度 294 K，圧力 101.3 kPa，当量比 3.0 となっている．これに Chiu らの油滴群燃焼理論を適用して，単滴燃焼，内部群燃焼，外部群燃焼，外殻燃焼の起こる油滴総数 n_T と D の値を決定せよ．

ただし，油滴とガスの相対速度は零，油滴配列は立方格子配列，ガスの密度は 1.2 kg/m³ で，蒸発・燃焼が始まって油滴塊の温度が変わっても，油滴の位置は変わらないものとする．また，ルイス数 $Le=1$ とする．

[解] $(A/F)_{st}=14.8$，当量比 $\phi=3$ より，$A/F=14.8/3=4.93$．

油滴1個当たりの質量： $m_d = (\pi/6)d^3\rho_l = (\pi/6) \times (3\cdot 10^{-5})^3 \times 820$
$= 1.159\cdot 10^{-11}$ kg．

滴1個当たりの空気量： $m_a = m_d \times A/F = 1.159\cdot 10^{-11} \times 4.93$
$= 5.715\cdot 10^{-11}$ kg．

滴1個当たりの空気体積： $V_{ad} = m_a/\rho_g = 5.715\cdot 10^{-11}/1.2 = 4.763\cdot 10^{-11}$ m³．

滴1個当たりの占有体積： $V_d = V_{ld} + V_{ad} = (\pi/6)d^3 + V_{ad}$
$= 1.414\cdot 10^{-14} + 4.726\cdot 10^{-11}$
$= 4.764\cdot 10^{-11}$ m³．

平均液滴間距離： $l = V_d^{1/3} = 3.625\cdot 10^{-4}$ m $= 362.5$ μm．

液滴とガスの相対速度は零であるから，$Re = 0$．これらの数値を式 (5.13) に代入．

$$G = 1.5\,Le(1 + 0.276\,Sc^{1/3}Re^{1/2})n_T^{2/3}(d/l)$$
$$= 1.5 \times 1 \times (1 + 0) \times n_T^{2/3}(3 \cdot 10^{-5}/3.625 \cdot 10^{-4})$$
$$= 0.124\,n_T^{2/3}$$
$$\therefore\quad n_T = (G/0.124)^{3/2}.$$

また液滴塊の体積は $\pi D^3/6 = n_T V_d$ であるから，$D = (6 n_T V_d/\pi)^{1/3}$．

単滴燃焼 ($G < 10^{-2}$)：$n_T < 22.9 \cdot 10^{-3} \fallingdotseq 0$, $D < (6 n_T V_d/\pi)^{1/3} = (6 \times 22.9 \cdot 10^{-3} \times 4.764 \cdot 10^{-11}/3.14)^{1/3} = 1.277 \cdot 10^{-4}$ m $= 127.7\,\mu$m．(ただし，$n_T \fallingdotseq 1$ で単滴燃焼が起こることは自明である．)

内部群燃焼 ($G = 10^{-2} \sim 1$)：$n_T = 0 \sim 23$, $D = 0 \sim 1.28$ mm．(ただし，下限はこの判定法の適用限界から外れており，現実には，n_T の下限は数個以上であろう．)

外部群燃焼 ($G = 1 \sim 10^2$)：$n_T = 23 \sim 22900$, $D = 1.28 \sim 12.8$ mm．

外殻燃焼 ($G > 10^2$)：$n_T > 22900$, $D > 12.8$ mm．

このように，単滴燃焼の生起が理論と現実とで食い違う噴霧というものも存在し得る．

油滴群燃焼はあくまで仮説であり，十分に完成されたものでも，実証されたものでもない．しかし，高速度撮影によって，瞬間的にはグループとして振る舞う火炎塊が観察され，かつ統計的なデータ解析によって，クラスターとして一体に振る舞う体積要素が識別されることから[13]，少なくとも予混合噴霧火炎は一体となって燃焼する大小の油滴クラスターで構成され，窒素酸化物の排出量などもこのような微細構造を無視しては，正確な予測ができないと思われる．

B．油バーナにおける燃焼　　噴霧は図 5.22 に示すように，循環流を伴う

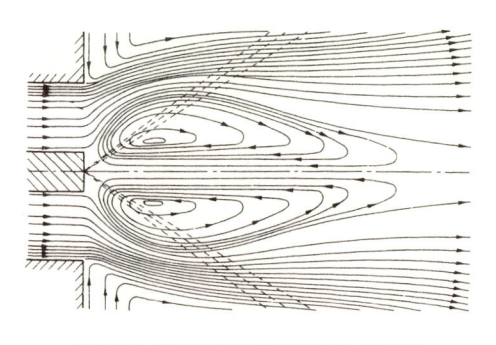

図 5.22　旋回噴流中に噴射された噴霧

旋回噴流の流れ場の中に，中心軸上のガンから円錐状に噴射されることが多い．大まかに言って，微小な油滴は循環流に捕らえられて，内部で蒸発・燃焼し，大きな油滴は還流領域から外に飛び出す．その割合は噴霧の推力，したがって噴射圧に関係し，還流領域内部の混合比が適当な範囲に入らないと，火炎は吹消えてしまう．また，内部で燃焼が継続されても，この領域から外部に火炎が広がって，高い燃焼効率が維持されるかどうかは，流速，旋回度，噴霧推力などの組み合わせが適当かどうかに掛かっている．一般的に言って，還流領域周囲のせん断層に十分な濃度の燃料が確保できるかどうかが，火炎が外部に広がれるかどうかに関係する．

なお，噴霧火炎の長さや形状は噴霧と周囲空気流との混合に左右されるが，それに関しては5.2.3項のA項とB項ですでに述べたとおりである．

演習問題

(1) 噴霧中では油滴の大きさによって飛行速度が異なるために，ストロボ撮影やパルスレーザホログラフィーによって測定された粒度分布（空間粒度分布）と，受止め法によって測定された粒度分布（受止め粒度分布）とは異なる．簡単のために一次元噴霧流を考え，直径 d の油滴の飛行速度を $u(d)$ とすると，空間粒度分布 $f_n(d)$ と受止め粒度分布 $f_n'(d)$ との間には，どのような関係があるか．

(2) 二流体噴霧バーナがある．このバーナの火炎長さ x_f に関して，つぎの問に答えよ．

(a) 噴霧角 $\theta = 30°$ の場合を基準にして，x_f と θ の関係を予測する式を作り，$\theta = 0°〜80°$ の範囲で線図にせよ．

(b) 他の条件が一定ならば，燃料噴射率 m_F' と x_f の関係はどうなるか．

(c) 噴霧推力は m_F' に無関係に霧化用空気の噴出推力だけで決まるとすれば，x_f を一定に保つためには，霧化用空気の噴射差圧 Δp は m_F' に応じて，どのように変化させるべきか．また，霧化用空気の流量 m_a' はどのように変化するか．ただし，その間 θ は一定に保たれるものとする．

引用文献

(1) 水谷，燃焼工学・第3版，(2002)，p.142，森北出版．
(2) Shapiro, A. H. and Erickson, A. J., Trans. ASME, **79** (1957), 775.
(3) 辻・浅井，機械学会誌，**73**-618 (1970)，98．
(4) 前沢，機械学会論文集，**31**-231 (1965)，1689．
(5) 文献(1)のp.144．
(6) Probert, R. P., Phil. Mag., **37** (1946), 94.

(7) 文献(1)の p.157.
(8) 中部・ほか2名, 機械学会論文集, **53**-486 B (1987), 636.
(9) 水谷・西本, 同上, **38**-311 (1972), 1844.
(10) 水谷・ほか4名, 同上, **68**-666 (2002), 590.
(11) 新岡・ほか2名（編著）, 燃焼現象の基礎, (2001), p.215, オーム社.
(12) Chiu, H. H.・ほか2名, Proc. Combust. Inst., Vol.**19** (1982), 971, The Combustion Institute.
(13) 赤松・ほか4名, 機械学会論文集, **62**-596 (1996), 1622.

参 考 書

水谷幸夫, 燃焼工学・第3版, (2002), p.76, p.132, 森北出版.
新岡　嵩・ほか2名（編著）, 燃焼現象の基礎, (2001), p.195, オーム社.
日本バーナ研究会（編）, 油燃焼装置取扱いの実際, (1971), p.43, 日刊工業新聞社.
辻　正一, 燃焼機器工学, (1971), p.195, 日刊工業新聞社.

第6章 固体燃料の燃焼

6.1 固体燃焼の基礎

6.1.1 燃焼形態と燃焼方式の分類

固体燃料の燃焼形態としては，蒸発燃焼，分解燃焼，表面燃焼，いぶり燃焼がある．

蒸発燃焼は，比較的融点の低い固体燃料（ワックスなど）が燃焼に先立って溶融し，液体燃料と同様に蒸発して燃焼する現象で，蒸発温度が熱分解温度より低いときに見られる．

分解燃焼は，蒸発温度よりも分解温度の方が低い場合に，加熱によって熱分解を起こし，揮発し易い成分が表面から離れたところで燃焼する現象をいう．

表面燃焼は，揮発分をほとんど含まない木炭やコークス，分解燃焼後のチャーで見られる現象で，酸素または酸化性ガス（CO_2，H_2O）が固体表面や内部の空げきに拡散して燃焼反応を起こす[1]．

いぶり燃焼は，熱分解温度の低い紙のような物質で，熱分解で発生した揮発分が点火されないと，多量の発煙を伴う発熱熱分解反応を起こす現象をいう．これは揮発分の着火温度より低い温度で熱分解反応が継続されるためで，煙を強制点火するか，熱損失の減少などによって温度が上がると，有炎燃焼に移行する．

蒸発燃焼は溶融の必要なこと以外，液体燃料の燃焼と何ら変わるところはなく，また，いぶり燃焼は工業的燃焼とは無関係であるので，詳しい記述は省略する．

つぎに，固体燃料の燃焼方法としては，火格子（固定床）燃焼，流動層（流動床）燃焼，微粉炭（噴流床）燃焼がある．

---

[1] CO_2やH_2Oのように酸素を十分に取り込んだ化学種は還元性の化学種（燃料，鉄など）に酸素を与え易く，酸化性を示す．それに対して，COやH_2のように酸素が不足する化学種は還元性を示す．

火格子燃焼は，火格子と呼ばれる格子の上に塊炭をのせて下から空気を送り，燃焼させるものである．最近はチェーンストーカーやごみ焼却用の揺動式火格子などが多用される．

流動層燃焼は，砂などの耐火性粉体と粉炭との混合層（深さ数百mm以内，粉炭の割合は数％以内）の下から空気を吹き込むことにより，沸騰状態に似た運動をする流動層を形成させ，比較的低温で燃焼させる方法で，いくつかのバリエーションがある．

微粉炭燃焼は，粉砕機で数十～百数十 μm に微粉砕された石炭の粉末を一次空気噴流に乗せて火炎に吹込み，浮遊状態で空間燃焼させる方法である．

6.1.2 固体粒子と固体塊の燃焼

固体燃料の内で最も重要なものは石炭であり，上述のように，微粉砕して空間燃焼させるか，粉炭の状態で流動層燃焼させるか，あるいは塊炭を火格子燃焼させる．この内，工業的に最も重要なのは，空間に浮遊する微粒子の燃焼であるので，石炭微粒子の分解燃焼とそれに続くチャーの表面燃焼について，以下に説明する．粉炭や塊炭，さらにはバイオマスやごみなど石炭以外の固体燃料についても，燃焼の基本的なメカニズムは共通である．

A．分解燃焼　石炭は 10～70％ が分解燃焼を，残りが表面燃焼を行う．石炭粒子を高温雰囲気中に投入すると，まず熱分解を起こして分解生成物，いわゆる揮発分を放出する．放出量と放出時間は雰囲気温度，ひいては粒子の温度上昇率に左右される．図6.1 に，20 μm の低質炭粒子（揮発分37％）の熱

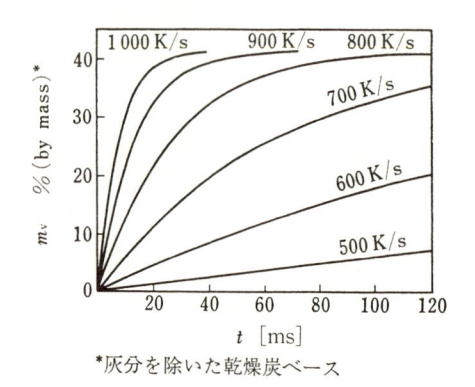

図 **6.1**　石炭粒子の熱分解速度[1]
（粒子直径20 μm，揮発分37％）

分解速度（揮発分放出時間）を示す．温度上昇率 900 K/s の場合に，揮発分の 80％ が熱分解するのに約 20 ms を要している．放出された揮発分の組成の一例を図 6.2 に示す．

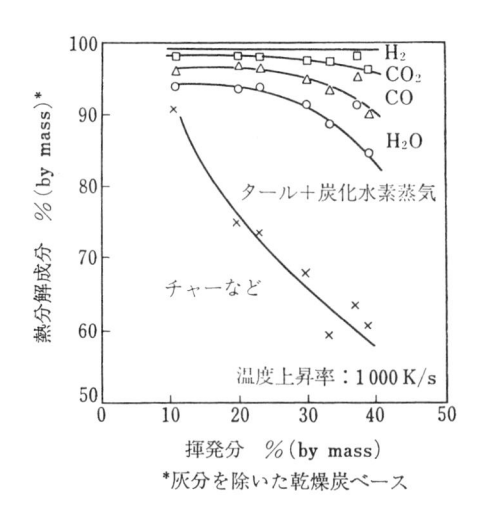

図 6.2 石炭の熱分解成分[1]

揮発分の多い低質石炭では，すすが生成し易いことが知られているが，微粉炭の粒子密度が高く，揮発分が多量かつ急速に放出されて酸素不足を生じたときに，このことが顕著になる．しかも，火炎からのふく射がかなり関係すると言われている．ある仮定[2]の下にすすの発生量を計算すると，表 6.1 のようになる．これによると，熱分解の盛んな領域での空気-石炭比を 3.0 kg/kg 以上にすれば，すすの発生は抑制できるということになる．

B．表面燃焼　　分解燃焼期も終わりに近付くと，揮発分の酸素消費率が下

表 6.1 微粉炭火炎におけるすすの発生量*[1]

空気/石炭比 kg/kg	すす生成量** kg/100 kg coal	すす濃度*** g/m³
1.5	11.8	12.5
2.0	7.8	6.7
2.5	3.7	2.7

*　揮発分 40％（灰分を除いた乾燥炭ベース）の石炭
**　灰分を除いた乾燥炭ベース
***　1500 K における値

がって，酸素が石炭粒子の表面にまで拡散してくるようになり，チャー（残炭）の表面燃焼が盛んになる．また，酸素が表面に達しなくても，後述するように二酸化炭素や水蒸気との反応によってもチャーのガス化は起こるので，分解燃焼と表面燃焼とは平行して進行すると考えてよい．

チャーは1～1.5％の水素を含んだ固定炭素を主成分とし，相当量の灰分を含んだ多孔物質である．その表面に酸素や酸化性のガス（炭酸ガスや水蒸気）が拡散してくると，表面で反応を起こすと同時に，気孔内部にも拡散し，そこでも反応を起こす．燃焼中の炭素粒子を模型的に描くと，図6.3のようになる．1.3.3項で述べたように，表面反応，

$$C + O_2 \rightarrow CO_2 \qquad (R\ 12)$$

$$C + 1/2\,O_2 \rightarrow CO \qquad (R\ 13)$$

$$C + O \rightarrow CO \qquad (R\ 14)$$

$$C + CO_2 \rightarrow 2\,CO \qquad (R\ 15)$$

$$C + H_2O \rightarrow CO + H_2 \qquad (R\ 16)$$

で生じる生成物の内，CO_2の一部はふたたび表面反応に参加するが，COとH_2は表面から周囲へ拡散する途中で酸素と出会い，次のような気相反応によってCO_2とH_2Oにまで酸化される[*2]．

$$CO + 1/2\,O_2 \rightarrow CO_2 \qquad (R\ 17)$$

$$H_2 + 1/2\,O_2 \rightarrow H_2O \qquad (R\ 18)$$

気相反応が緩慢なために粒子表面に酸素が到達できる状況を**低速気相反応**，CO_2とH_2Oしか表面に到達できない状況を**高速気相反応**（それぞれ図6.3(a)と(b)に図示）という．後者の場合，粒子の周りに青炎が現れる．

表面燃焼速度は単位表面積当たりの炭素の消費率 m'_C で表現されるのが普通で，低速気相反応と高速気相反応に対して，それぞれ式(6.1)と(6.2)で計算される．

$$m'_C = k_s \cdot p_s(O_2) \qquad (6.1)$$

$$m'_C = k_s \cdot p_s(CO_2) \qquad (6.2)$$

ここで，p_s は表面での当該分子の分圧，k_s は表面反応速度定数で表面温度 T_s だけの関数で，1.3.4項の式(1.5)で計算される．ただし，O_2やCO_2がチャーの気孔内部にまで拡散して反応することを考慮して，粒子表面積は見掛けの

[*2]　$CO + H_2O \rightarrow CO_2 + H_2$　　(R 19)

なる反応によってH_2も生成されるが，反応(R 18)で消費される．

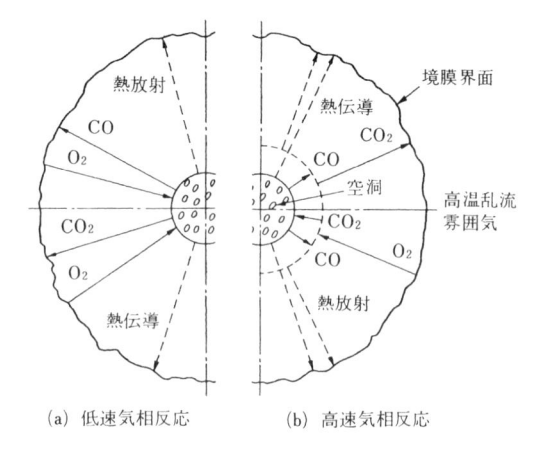

図6.3 炭素粒子の表面燃焼モデル

(a) 低速気相反応 　(b) 高速気相反応

表面積より大きく取らなければならない．

なお，表面温度 T_s が限界を超えて高くなると，O_2 や CO_2 の拡散が反応速度に追い付かなくなり，m_c' が拡散速度で決まってくるようになる．このような状態を**拡散律速**の状態と呼び，**反応律速**の状態では T_s に対し指数関数的に増加していた m_c' の増加が，飽和傾向になる[*3]．

【例題 6-1】 見掛け比重 0.8，直径 100 μm の球形炭素粒子がある．表面燃焼による炭素消費率 $m_c' = 20.0 \, \text{g}/(\text{m}^2 \cdot \text{s})$ として，この粒子の燃焼時間を計算せよ．ただし，炭素粒子は無灰で，分解燃焼は生じないものとする．

[解] 粒子の直径を d，質量を m，表面積を A とすると，$-dm/dt = Am_c'$ なる関係が成立する．

これに，$m = (\pi/6)\rho_a d^3$，$A = \pi d^2$ を代入する（ただし，ρ_a は見掛け密度）．
$-(\pi/6)\rho_a \times 3d^2 \times dd/dt = \pi m_c' d^2$ ∴ $dd/dt = -2m_c'/\rho_a$

積分すると，$\left[d\right]_{d_0}^{0} = -(2m_c'/\rho_a)\left[t\right]_0^{\tau}$

したがって，燃焼期間 $\tau = \rho_a d_0/(2m_c')$．

これに $\rho_a = 0.8 \cdot 10^3 = 800 \, \text{kg/m}^3$，$m_c' = 20.0 \cdot 10^{-3} \, \text{kg}/(\text{m}^2\text{s})$，$d_0 = 100 \, \mu\text{m} = 1.0 \cdot 10^{-4} \, \text{m}$ を代入．

---

*3) 極端な例が表面に灰の層が生じた状態で，**立消え**に至る．立消えは燃焼中の微粒子が急に低温のガスと出会った場合にも起こる．どちらの場合も，石炭灰に炭素分が混ざることになるが，燃焼効率が低下するだけではなく，セメント工業での灰の利用が困難になり，その処理に困ることになる．

$\tau = 800 \times 1.0 \cdot 10^{-4}/(2 \times 20.0 \cdot 10^{-3}) = 2.0\,\mathrm{s}$ である．

6.2 火格子燃焼

火格子燃焼は**固定床燃焼**ともいわれ，火格子の上に1～数層の石炭塊の層を作って，下から空気を通しながら燃焼させる方法で，燃料と空気の供給方向により上込め燃焼と下込め燃焼に分けられる．

上込め燃焼は図6.4(a)に示すように，石炭の供給方向が一次空気の供給方向と逆のもので，手焚きストーカや散布式ストーカがこれに当たる．供給された塊炭は燃焼ガスによって加熱され，乾留層で揮発分を放出する．その後，コークス化した石炭は還元層において，酸化層で発生した二酸化炭素を一酸化炭素に還元する．揮発分と一酸化炭素は火格子上方で二次空気と混合して燃焼する．酸化層においては，コークス化し，赤熱した塊炭表面に十分な酸素が供給され，表面燃焼により二酸化炭素を発生する．これらの各層を通過した石炭は灰となって火格子上に溜まり，火格子の隙間を通して灰溜まりに落下する．上込め燃焼は供給された直後の石炭層中を高温の燃焼ガスが通り抜けるので，着火が確実で，低品位炭の燃焼に適する．

下込め燃焼は図6.4(b)に示すように，石炭の供給方向が一次空気の供給方向と同じもので，下込めストーカや移床ストーカ（チェーンストーカ）の着火部がこれに当たる．この場合は石炭層が燃焼ガス流にさらされることがなく，加熱はもっぱら高温の酸化層からの熱伝導とふく射によって行われる．すなわち，いわゆる火炎伝ぱ現象によって燃焼が維持される．着火面の伝ぱ速度 S_f を**火移り速度**と呼び，0.2 m/h前後である．S_f は石炭化度，粒度，空気の流速と温度などの関数であって，石炭化度が低いほど，発熱量と空気温度が高いほど，また粒径が小さいほど大きくなる．

上込め燃焼，下込め燃焼ともに，**燃焼負荷率**は**火格子燃焼率** G で表される．これは火格子1 m² 当たり，1時間に燃焼する石炭量 [kg/(m²·h)] と定義される．

【例題 6-2】 火格子燃焼率 $G = 10\,\mathrm{kg/(m^2 \cdot h)}$ で燃焼している炉がある．
 (a) 火格子1 m² 当たり CO と CO_2 の合計発生率は何 $\mathrm{m^3_N/h}$ か．
 (b) 煙道ガス分析を行ったところ，(CO)＝0.01, (CO_2)＝0.1 であったと

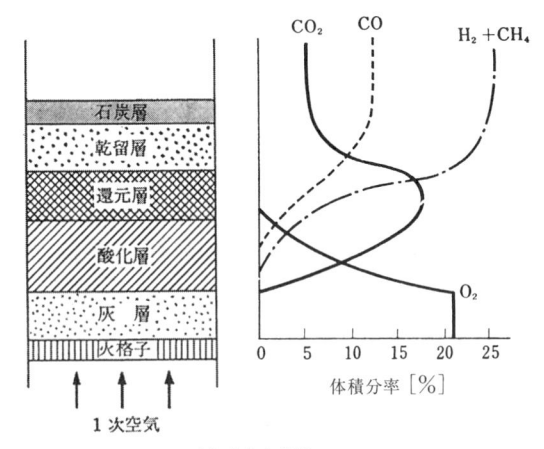

6.2 火格子燃焼　109

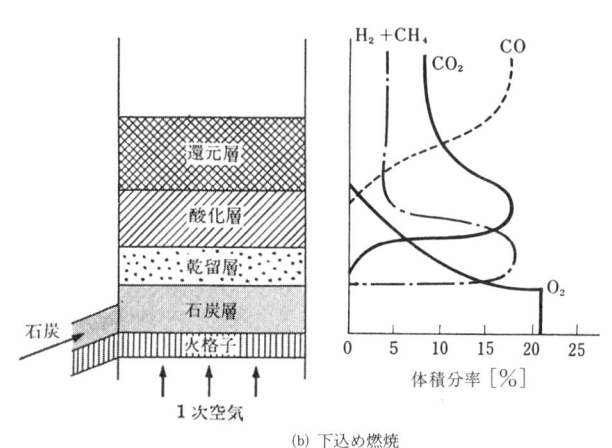

図中のグラフ部分:
- (a) 上込め燃焼: 石炭層／乾留層／還元層／酸化層／灰層／火格子, 1次空気, 体積分率[%] (CO₂, CO, H₂+CH₄, O₂)
- (b) 下込め燃焼: 還元層／酸化層／乾留層／石炭層／火格子, 石炭, 1次空気

図 6.4　火格子燃焼における火層の構造

すれば，火格子 1 m² 当たり乾き燃焼ガス発生率は何 m^3_N/h か．

[解]　(a) 燃料 1 kg 当たり
　　　CO と CO_2 の合計発生量は $V'_d [(CO) + (CO_2)]$ $[m^3_N/\text{kg fuel}]$．
ところが火格子 1 m² 当たり，
　　　毎時 G [kg] の燃料がガス化するのであるから，
　CO と CO_2 の合計発生率 $x = GV'_d[(CO) + (CO_2)]$ $[m^3_N/(m^2\cdot h)]$．
これに式 (2.21) を代入すると，
　　　$x = 1.87cG = 1.87 \times 0.8 \times 10 = 14.93$ $m^3_N/(m^2\cdot h)$．
　CO と CO_2 の合計発生率 $x = 14.9$ $m^3_N/(m^2\cdot h)$ である．
(b)　火格子 1 m² 当たりの乾き燃焼ガスの発生率

$y = GV_d' = x/[(CO) + (CO_2)]$.

∴ $y = 14.93/[(CO) + (CO_2)] = 14.93/[0.01 + 0.1] = 135.7 \text{ m}^3_\text{N}/(\text{m}^2\text{h})$.

乾き燃焼ガスの発生率 $y = 135.7 \text{ m}^3_\text{N}/(\text{m}^2\text{h})$ である．

6.3 微粉炭燃焼

微粉炭燃焼は粉砕機で粉砕された石炭の微粒子（200 メッシュ[*4]ふるい下80％）を，一次空気と混合してバーナから吹き出させ，空間に浮遊させて燃焼させる方式である．

微粉炭燃焼は，① 二相流の状態で燃焼する，② 最初の分解燃焼期に多量の可燃ガスを放出し，続いてチャーの表面燃焼期に入る，という2点で重質燃料油の噴霧燃焼に似ているが，③ ガス化速度が低く，燃え切りに時間と距離が必要である，④ 明瞭な火炎面を生じず，火炎が燃焼室中に大きく広がる，⑤ 炉壁や火炎からのふく射伝熱が火炎の安定性や燃え切りに必要な距離に大きな影響を及ぼす，という点で通常の噴霧燃焼とは異なっている．

微粉炭粒子の燃え切り時間（固定炭素の99％が燃焼するに要する時間）は表面反応速度によって決まり，空気比1.2，炉内温度1300℃のとき1.8 s 前後である．これは重油火炎における油滴の燃え切り時間の数倍，式（5.8）で $C_b = 1 \text{ mm}^2/\text{s}$ として計算される油滴蒸発時間（100 μm の油滴で10 ms）に比べれば2けた以上長く，少なくとも数倍大きな燃焼室を必要とする．

微粉炭火炎が安定する機構としては，① 火炎伝ぱ，② 炉壁や火炎からのふく射伝熱による着火，③ 高温燃焼ガスとの混合による着火，④ 高温炉壁との接触による着火，が考えられる．開放大気中で逆円錐火炎バーナ[*5]を用いて測定された微粉炭の燃焼速度は 0.1〜0.2 m/s となっており，このような条件下での高速燃焼は不可能である．しかし，分解燃焼に関する6.1.2 A 項でも述べたとおり，900 K/s 以上の粒子温度上昇率では，20 ms 以内に揮発分の80％以上が放出されるので，気相中の火炎伝ぱが可能となり，0.8〜10 m/s という燃焼速度が観測されている．したがって，炉壁や火炎からのふく射伝熱

[*4] 1インチ（＝25.4 mm）に 200 の目を持つ標準ふるい．（25.4・10³/200）μm から針金の直径を差引くと目の大きさ（74 μm）になる．

[*5] バーナポートの中心にパイロットバーナが設置され，それから逆円錐形の火炎が形成されるようなバーナ．ブンゼンバーナの保炎位置がポート円周にあるのとは対照的な形をしている．

と，高温燃焼ガスとの混合によって，微粉炭粒子の温度が 10^4 K/s 以上の割合で上昇し，急激に放出された揮発分と空気との混合気中を乱流火炎が高速で伝ぱするというのが，通常の微粉炭火炎の安定機構と考えられる．

6.4 流動層燃焼

流動層燃焼は**流動床燃焼**とも呼ばれ，図 6.5 に示すように，多数の蓋付き空気吹き込み管を持つ**分散板**の上に，数百 mm の深さに，数 % の粉炭を含んだけい砂（または石灰石）を入れておき，下から空気を吹き込んで，流動状態で燃焼させるものである．

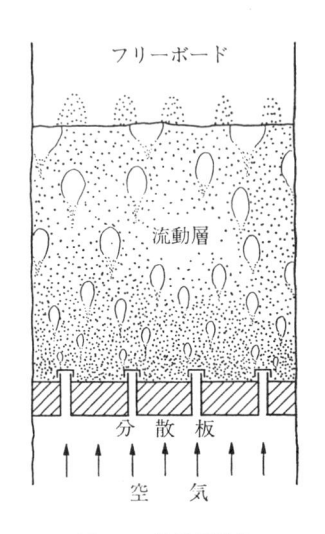

図 6.5 流動層燃焼

空気流速が低いと，空気は粒子間の隙間を通って上昇し，砂の層は膨張するだけであるが，流動開始流速（約 0.2 m/s）を越えると，空気は気泡となって合体を繰り返しながら上昇し，砂の層は沸騰に似た運動をし始める．砂の大きな熱容量と鉛直方向の激しい撹拌により，発熱と放熱のバランスだけで燃焼が維持され，700〜950℃ という低温で安定に燃焼する．流動層の単位体積当たりの熱発生率（燃焼負荷率）は極めて高く，層の中に設置された水管には，極めて高い熱通過率で燃焼熱が伝達される．また，前述の微粉炭燃焼と違って，炭種の影響を受けにくい．

空気流速の上限はどの大きさの粒子まで層からの離脱を許すかで決まってくるが、この上限（通常は4 m/s程度）を思い切って高く取り、相当割合の粒子の循環を許すと**循環流動層燃焼**となる．また、燃焼室の圧力を10気圧前後まで高めると**加圧流動層燃焼**となる．

なお、けい砂を石灰石の粗粉に替えると、次のような反応が起こる．

$$CaCO_3 \rightarrow CaO + CO_2 \qquad (R\ 20)$$
$$CaO + SO_2 + 1/2\ O_2 \rightarrow CaSO_4 \qquad (R\ 21)$$

すなわち、石灰石の熱分解［反応（R 20)］で生じた生石灰（CaO）が石炭中の燃焼性硫黄の酸化により発生した亜硫酸ガス（SO_2）と反応して［反応（R 21)］、固体の石膏（$CaSO_4$）を作る．これによってSO_2が固定され、**炉内脱硫**が実現される．この反応に適した温度は800～950℃で、燃焼の最適温度とほぼ一致している．

流動層燃焼は熱容量が大きく、燃焼の安定性がよいことから、超重質油から、生活ごみ、汚泥など、含水率の高いものまで一つの炉で熱分解・乾燥・燃焼させることができる．

6.5　燃料改質燃焼

6.5.1　ガス化燃焼

1.2.3 C項で述べた種々のガス化法の内、b項の空気と水蒸気をガス化剤とする部分酸化法を用いて、低カロリーガス（$H_h = 2～7\ MJ/m^3_N$）を作る．それを洗浄に掛けて硫黄分とダストを取り除いた上で、燃焼装置に送り込む．洗浄法には湿式と乾式とがあるが、前者は洗浄性能に優れるものの顕熱損失が大きく、後者は顕熱損失が少ないのはよいが、洗浄性能に問題がある．

石炭のガス化においては、発熱反応で生じた熱は吸熱反応に使われて化学エネルギーとして蓄えられ、燃焼時に解放されるので、エネルギー損失はほぼ顕熱損失だけとなる（第2章、演習問題(2)を参照）．ところが酸素ではなく、空気をガス化剤とする場合には、ガスを常温まで冷却することによる顕熱損失が相当の割合にのぼるので、洗浄法によってエネルギー効率に大きな差が生じる．

ガス化燃焼は、通常、ガスタービン-スチームプラントコンバインドサイクルに利用され、将来は55%を越える熱効率が期待されている（高発熱量基準

の値．石炭火力の現状は38％程度）．ガスタービンでは高負荷燃焼が要求され，流速を数十m/sと，非常に高く取るのが普通である．そこへ燃焼速度の低い低カロリーガスを使うのであるから，火炎の安定化には相当の対策が必要になる．

6.5.2 石炭流体化燃焼

石炭の輸送性，保存性，取り扱い性の悪さを改善し，かつ重油燃焼設備を利用して燃焼させるために考案された燃料を**石炭流体化燃料**，燃焼法を**石炭流体化燃焼**と呼び，次の2種類がある．

① **石炭-油混合燃料**（coal-oil mixture，**COM**と略称）　微粉炭と重油とを1：1の質量割合で混合した混合燃料．発熱量の分担割合は，石炭が40％，重油が60％程度である．

② **石炭-水スラリー**（coal-water slurry，**CWS**と略称）　微粉炭と水とを7：3の質量割合で混合した混合燃料．流動性を確保するために，微粉炭にさらに微粉砕した超微粉炭を混合する必要がある．

両者とも，液体燃料と同様に二流体噴射弁から噴射することを除けば，燃焼の本質は微粉炭燃焼に近い．したがって，石炭粒子の分解燃焼と表面燃焼とが並行して，あるいは相前後して起こり，最後に灰が残る．燃焼時間は表面燃焼で決まるから，必要な炉の大きさは微粉炭燃焼とほぼ同じである．

COMは石油の節約率が低い上に，石炭の欠点（燃焼時間が長い；多量の灰が発生；窒素酸化物の発生量が多い）と重油の欠点（硫黄酸化物の発生量が多い）を併せ持つので，見捨てられた形になっている．一方，CWSは水が蒸発熱を奪うので火炎の安定性が悪化する；水が蒸発した後，液滴中の石炭粒子が凝集するので，灰中に未燃炭素を含み，灰の有効利用を妨げる，という欠点はあるが，中・小型ボイラの石炭焚きへの転換には最も適した燃料加工技術として期待されている．

【例題 6-3】 COMは通常，微粉炭と重油を50：50の質量割合で混合したものである．もし，重油をCOMで代替すれば，重油の消費量は元の何％に減少するか．ただし，重油と石炭の低発熱量を42 MJ/kgと22 MJ/kg，燃焼効率は重油，COMともに100％とする．

[解]　重油の低発熱量：$H_{lo} = 42$ MJ/kg，COMの低発熱量：$H_{lM} = 0.5 \times 42 +$

$0.5 \times 22 = 32$ MJ/kg.

C重油1kgと同じ熱量を得るに要するCOMの量：$m_M = H_{lO}/H_{lM} = 42/32 = 1.313$ kg.

この中に含まれるC重油の量：$m_O = 0.5 m_M = 0.656$ kg. すなわち，66%に減少する．

演習問題

(1) 第2章の演習問題(2)のガス化において，ガス化剤を「酸素＋水蒸気」から「空気＋水蒸気」に変えて行ったとして，つぎの問に答えよ．
　　(a) 発生する燃料ガスの組成はどのように変化するか．
　　(b) 700°Cで乾式洗浄を行うのと，60°Cで湿式洗浄を行うのとで，顕熱損失（原料のグラファイトの発熱量に対する相対値）にどれだけの差が出るか．
　　　　ただし，ガス化剤を変えても，窒素が加わるだけでガス化反応に変化はないものとする．また，燃料ガスの定圧比熱は 1.47 kJ/(m^3_N·K) とする．

(2) CWSは通常，微粉炭と水とを70：30の割合で混合したものである．CWS化することによって，石炭1kg当たりの低発熱量は何%失われるか．ただし，石炭の低発熱量は22.0 MJ/kg，水の蒸発の潜熱は2.44 MJ/kgとする．

引用文献

(1) Field, M. A.・ほか3名, Combustion of Pulverised Coal, (1967), p.167, The British Coal Utilisation Research Association.
(2) 水谷, 燃焼工学・第3版, (2002), p.172, 森北出版.

参考書

水谷幸夫, 燃焼工学・第3版, (2002), p.169, 森北出版.
Field, M. A.・ほか3名, Combustion of Pulverised Coal, (1967), p.167, The British Coal Utilisation Research Association.
省エネルギーセンター（編），新訂・エネルギー管理技術［熱管理編］, (2003), p.221-297, 省エネルギーセンター.
新岡 嵩・河野通方・佐藤順一（編著），燃焼現象の基礎, (2001), p.230, オーム社.
日本機械学会（編），燃焼工学ハンドブック, (1995), p.59, 日本機械学会/丸善.
本田尚士（監），燃焼圏の新しい燃焼工学, (1999), p.501, p.1061, フジ・テクノシステム.

第7章　燃焼機器の機能要素

7.1　点火と着火

可燃混合気を封入した容器の温度 T_0 を一定に保つと，ある温度以上では，一定の遅れ時間の後に混合気が自発的に着火して，火炎伝ぱに依存しない全体的な発火を起こす．このような現象を**自発着火**または**爆発**，遅れ時間を**着火遅れ**と呼ぶ．それに対して，電気火花，高温表面，パイロット火炎などによって，混合気の一部にエネルギーを与え**火炎核**を形成させ，火炎伝ぱによって混合気全体に火炎を広がらせる操作を**強制点火**または単に**点火**と呼ぶ[*1)]．

7.1.1　点　火

(強制) 点火の方法としては，(1) 電気火花によって火炎核を作る**火花点火**，(2) ニクロム線などの赤熱表面を混合気と接触させる**熱面点火**，(3) パイロット火炎や点火用トーチを用いる**トーチ点火**，(4) 混合気中に高温ガスやプラズマを吹き込む**プラズマ点火**，(5) 針金を大電流で蒸発させてできる金属蒸気で点火する**フューズ点火**，(6) 高出力レーザビームを入射させて点火する**レーザ点火**，などがある．ここでは気体燃料の予混合気によく使われる(1)の方法を中心に説明する[*2)]．

気体燃料の可燃混合気を火花点火する場合，正常に点火できている状態から火花エネルギーを下げて行くと，初期火炎核から安定な火炎球へと成長する誘導期間が増加して行き，臨界値 E_c に至って，点火不能に陥る．この E_c のこ

[*1)]　点火を実行するに当たっては，溜まっていた可燃性ガスのプレパージ，点火操作，発火と安定燃焼の確認，失火した場合にプレパージに戻す一連のシーケンスコントロールが，事故防止のために非常に重要である．特に，安定燃焼に入るまでのパイロットフレームの役割は重要で，これを疎かにすると致命的な事故を招く恐れがある．

[*2)]　燃料の種類によって使われる点火方法は異なるが，ここでは気体燃料に重点を置いて記述する．液体燃料ではトーチ点火や断続火花点火が，固体燃料ではトーチ点火もしくは気体燃料や液体燃料による助燃点火が行われる．

とを**最小点火エネルギー**と呼ぶ．E_c が電極間隙 d によって変化する様子を図 7.1 に示す．d を小さくし過ぎると，電極の消炎作用によって E_c は増加する．この状態から d を増加させて行くと，E_c は次第に低下し，電極の消炎作用がなくなったところで極小値 E_{cm} をとる．このとき，初期火炎核の形状はほぼ球形となっている．この状態は d がある範囲にある間は維持されるが，d が限界値を超えると，E_c は増加し始める．これは火炎核の形状が球形から円柱形に変化して，点火効率が低下するためである[1]．

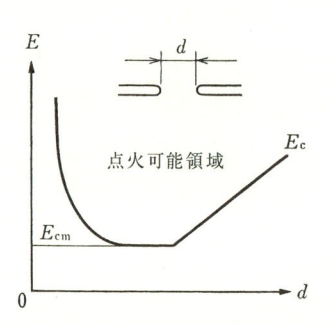

図 7.1 最小点火エネルギーと電極間隙との関係[1]

つぎに，E_{cm} と当量比との関係を，種々の燃料と空気の混合気について常圧下で測定した結果を図 7.2 に示す．E_{cm} の極小点は層流燃焼速度の極大点 $\phi = 1.1$ から，メタンのような軽い燃料では希薄側へ，ヘプタンのように重い燃料では過濃側にずれる．これは燃料と酸素のうちの，軽くて拡散性のよい方が初期火炎核に拡散してきて，火炎核の組成が混合気の平均組成より軽い成分側

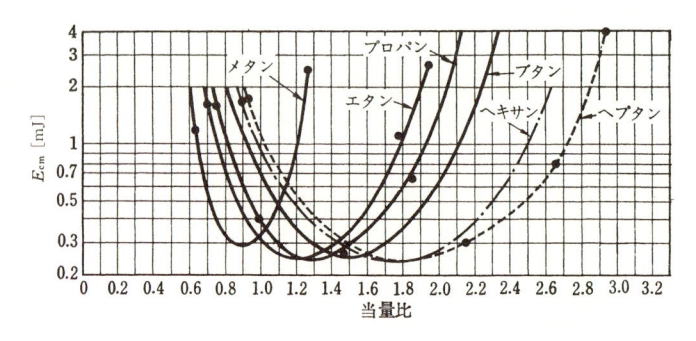

図 7.2 種々の燃料-空気混合気の最小点火エネルギーと当量比との関係[1]
　　　　（圧力 1 atm）

に寄るためである．ガソリンエンジンの気化器にチョーク弁が付いているのは，始動時にガソリン蒸気の濃度を E_{cm} の極小点に近付けるためである．

最小点火エネルギー E_{cm} は混合気温度が上昇すると減少し，流速が増加すると増大する．また，圧力 p が上昇すると，標準圧力 p_0 における値 E_{cm0} から

$$E_{cm} = (p_0/p)^2 E_{cm0} \qquad (7.1)$$

へと，p^2 に逆比例して低下する．絞り弁を絞ってエンジンの出力を下げて行くと，混合気の圧力も低下するので，それだけ多くの点火エネルギーを必要とする[2]．

なお，バーナの点火には断続火花を用いるが，ガスバーナで電圧 5000～10000 V，電極間隙 1.6～3.2 mm，油バーナで 10000～15000 V，3.2～4.8 mm に設定して，繰り返し放電を行わせる．

7.1.2 着火と爆発

着火は燃焼反応による発生熱量が混合気温度を上昇させ，それが燃焼反応を加速させるという正のフィードバック機構によって引き起こされる暴走現象である[*3]．燃焼反応は常温でも**緩慢酸化**の形では進行しているから，混合気から容器に熱が逃げなければ，T_0 のいかんにかかわらず，いつかは爆発が起こる．しかし，熱の流れ（熱損失）があると，混合気 1 m³ 当たりの熱発生率 q_r と熱損失率 q_l の大小関係によって，爆発が起こったり，起こらなかったりする．それを模型的に示したのが図 7.3 で，横軸にはガス温度 T をとっている．

1.3.2 項の式 (1.2) によれば，燃料のモル濃度の減少率 $-d[F]/dt$ ひいては熱発生率 q_r はガス温度 T が上昇するにつれて指数関数的に増加し，圧力が p_2，p_c，p_1 と上昇すると，q_r 曲線は上方に移動する．一方，熱損失率 q_l はガス温度 T と壁面温度 T_0 の差に比例し，圧力にほぼ無関係に 1 本の直線になる．この直線は圧力が p_c のときに q_r 曲線と点 c で接する．p_c より高い圧力 p_1 では熱発生が熱損失を上回り，温度は際限なく上昇して，必ず爆発に至る．それに対して，p_c より低い圧力 p_2 では，点 a と点 b の間で熱発生が熱損失を下回り，それ以外で上回るから，初期温度 T_0 の混合気は温度が T_a まで上昇して，そこで定常状態になり，爆発は起こらない[*4]．すなわち p_c が**爆発限界圧**

---

* 3) これは**熱爆発**を前提にした記述であるが，いま一つ，**連鎖分枝爆発**というメカニズムがあり，活性化学種の濃度が暴走を起こすという爆発のメカニズムによっても，爆発は起こり得る．
* 4) この状態を**緩慢酸化の状態**と呼ぶ．

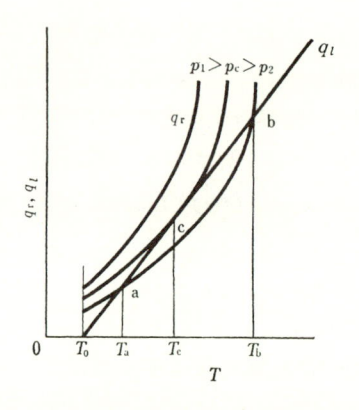

図 7.3　熱爆発時の熱発生率と熱損失率[2]

力で，それ以上の圧力で爆発が起こることになる．

もう一つの爆発機構である**連鎖分枝爆発**は，1.3.1項の反応（R 5）と（R 6）のような連鎖分枝反応による連鎖担体の増殖が，反応（R 7）と（R 8）のような連鎖停止反応による連鎖担体の破壊を上回ることによる暴走現象で，核爆発に似ている．反応（R 7）が常圧で，反応（R 8）が非常に低圧で目立ってくるので，連鎖分枝爆発は大気圧よりかなり低い圧力でしか見られない．

一例として，炭化水素-空気混合気の爆発限界を図 7.4 に示す[1]．圧力 p の低いところに爆発の第一限界と第二限界が見られ，その間で連鎖分枝爆発が生じている[*5]．高圧部には第三限界が現れ，その右上の領域で熱爆発が生じて

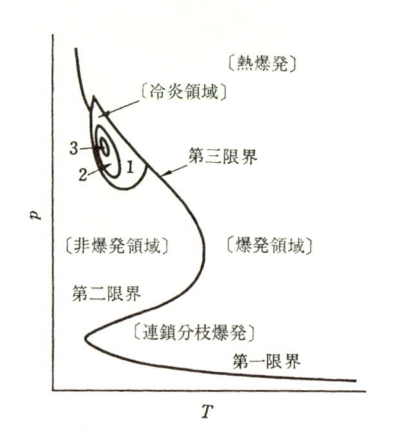

図 7.4　炭化水素-空気混合気の爆発限界[1]

いる．

なお，熱爆発が起こる圧力よりわずかに低い圧力で**冷炎**の発生が見られることがあり，図7.4にも冷炎領域が現れている．図中に記入された数字の回数だけ冷炎の走るのが観察される．冷炎はその名のとおりガスの温度をほとんど変化させないが，ガスの組成は変化させる．

7.1.3 着火温度と着火遅れ

図7.3において p_c が熱爆発が起こる限界圧力であるが，p_c が大気圧になるように T_0 を選んだ場合に，この温度を**着火温度**と呼び，図7.4の第三限界に対応する．というのは，大気圧下で初期温度が T_0 を超えると，いつかは必ず着火もしくは爆発が起こるからである．完全断熱では q_l は常に零であるから，着火温度は０Ｋとなる．実際には目的に応じて，１秒以内，１分以内，１時間以内というように，遅れに上限を設けることが多い．

着火遅れは，温度 T_0 の容器に同温度の混合気が導入されてから爆発が起こるまでの時間と定義されるが，実際には①予熱した真空容器に混合気を導入する方法，②急速圧縮燃焼装置を利用する方法，③衝撃波管を利用する方法，④電気炉中に混合気を噴射する方法，⑤高温空気流もしくは燃焼ガス流中に混合気を噴射する方法，などで測定される．方法によって結果が大きく異なるので，できるだけ適用対象に類似した方法もしくはデータを採用すべきである．

なお，着火遅れは反応速度と反比例関係にあると考えられるので，反応速度の式（1.2）の逆数である次式で着火遅れデータを整理する．

$$\tau = f(p) \cdot \exp\left(\frac{E}{RT_0}\right) \tag{7.2}$$

ただし，$f(p)$ は $cp^{-\alpha}(\alpha \cong 1)$ のような圧力の減少関数である[*6]．

7.1.4 噴霧の着火遅れ

噴霧の自発着火は，ディーゼルエンジンの性能を左右する重要な現象であ

(前ページ)＊5) 第一限界は表面停止反応（R8）と連鎖分枝反応（R5），（R6）とがバランスする条件，第二限界は気相停止反応（R7）と連鎖分枝反応とがバランスする条件である．

＊6) 横軸に $1/T_0$ を，縦軸に t の対数をとると，着火遅れデータは１本の直線にのり，その勾配が E/R に比例する．このような着火遅れデータの整理法を**アレニウスプロット**と呼び，E/R は[Ｋ]のディメンジョンを持つので，**活性化温度**と呼ばれる．

る. また, バーナ燃焼においても, 火炎伝ぱとともに, 火炎の安定化に中心的な役割を担っている[3]. 噴霧の着火も, 本質は前述の気体燃料-空気予混合気のそれと変わりはないが, 高速の噴霧流が周囲の高温空気を誘引し, 混合・蒸発しながら着火のプロセスが進行するという点が特異である.

7.2 火炎の安定化（保炎）

7.2.1 バーナ火炎の吹飛びと逆火

予混合バーナ火炎の流れ場は図4.2のようなものであるが, 火炎面に沿う流速成分 S_p が存在するために, 火炎要素は火炎面に沿って斜め上方へと S_p なる速度で移動していることになる. このことから, バーナ火炎は火炎基部に連続的に点火が行われる付着点を持たなければならない. 付着点での連続的な点火機構としては, つぎのようなものがある.

(1) バーナ管内壁に沿う境界層速度勾配に関係するもの
(2) バーナリムや保炎器後流の還流領域に関係するもの
(3) パイロット火炎や高温ガスの流れを利用するもの

(1) の境界層速度勾配に関係する点火機構は, 壁面からほぼ一定の勾配 g_u で増加する流速と, 壁面からの最短距離 s に反比例して減少する壁面の消炎作用の競合に関係する. 境界層内の流速はほぼ直線的に増加し続けるが, 燃焼速度は壁面の消炎作用の影響がなくなったところで頭を打ち, 一定値になる. したがって, 燃焼速度と流速はどこか1点で自動的に釣り合い, 接点で火炎は流線と直交して安定する[*7]. ここでは S_p が零なので, この位置で連続的に点火するのと同じことである. この関係を図7.5に示す. なお, 境界層の厚みが一定ならば, 境界層速度勾配 g_u は主流速度に比例する.

図7.5(a)の火炎4はバーナ管へ逆火する直前の火炎である. これ以上火炎が下降して, バーナ管内に侵入しても, (b)の燃焼速度曲線4の形は変化しないから, 流速分布が5'まで低下すると, 燃焼速度が流速を上回る場所ができて, 火炎はバーナ管内を下降し続ける. この現象を**逆火（フラッシュバック）**と呼び, 直線4'の速度勾配を**逆火限界速度勾配**と呼ぶ. また, 図7.5(a)の火

---

*7) 主流速度が変動して流速分布が図7.5(b)の破線 2'→4' のように変化すると, 火炎面の位置が図7.5(a)の 2→4 のように移動して, その結果, 燃焼速度分布が(b)の実線 2→4 のように破線を追尾し, 実線と破線とが常に一点で接するように自動調節される.

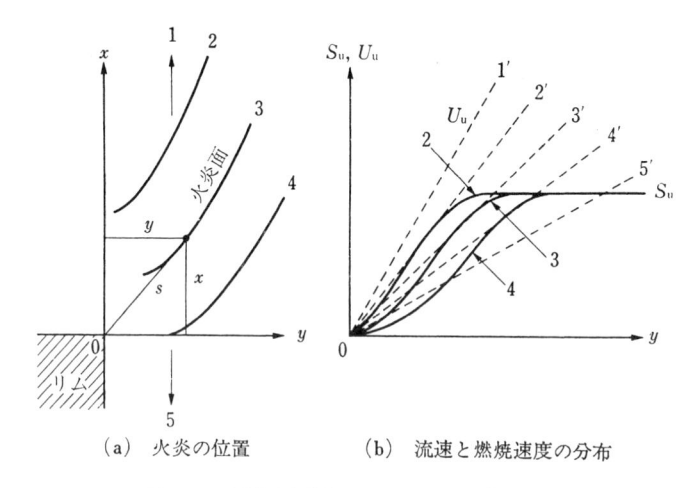

(a) 火炎の位置　　　(b) 流速と燃焼速度の分布

図7.5　境界層速度勾配による火炎付着機構[1]

炎2は吹飛び寸前の火炎で，直線 1′ のように流速勾配が増して，火炎が上方へ移動すると，バーナリムの消炎作用は減少しても，周囲空気との混合による希釈効果の方がそれを上回り，かえって燃焼速度が低下する．したがって，火炎のいずれの点においても燃焼速度が流速を下回り，付着点がなくなって，火炎が吹き飛んでしまう．この現象を火炎の**吹飛び**と呼び，直線 2′ に相当する速度勾配を**吹飛び限界速度勾配**と呼ぶ．

【例題 7-1】　メタン-空気の理論混合気を直径 5 mm のブンゼンバーナで燃焼させたところ，9 l/min の流量で火炎の吹飛びを起こしたという．バーナを直径 10 mm のものに取り替えると，吹飛びを起こすことなく，どれだけの混合気を燃焼させることができるか．ただし，バーナ出口における流速分布はポアゾイユ分布[*8)]であるとする．

［解］　脚注 * 8) より混合気の流速分布：$u = 2u_m(1 - r^2/R^2)$．
　　　混合気の体積流量：$V_u = \pi R^2 u_m$
　　　バーナリムにおける速度勾配：$g_u = \left|2u_m\left(-2r/R^2\right)\right|_{r=R} = 2(V_u/\pi R^2)(2/R)$
　　　　　　　　　　　　　　　　　　$= 4V_u/(\pi R^3)$

---

* 8)　ポアゾイユ分布とは発達した円管内層流に特有の，放物形の分布で，
$$u = 2u_m(1 - r^2/R^2)$$
で与えられる．ただし，u は半径 r における流速，u_m は断面平均流速，R は円管の内半径である．

吹飛び限界速度勾配を g_{ub} とすると，$V_u = (\pi/4)g_{ub}R^3$．
$(V_u)_{R=10}/(V_u)_{R=5} = (10/5)^3 = 8.0$
∴ $(V_u)_{R=10} = 9 \times 8 = 72\ l/\min$

ところが，混合気濃度が上昇して過濃領域に入ると，図7.6に示すように，周囲空気による希釈によって燃焼速度がかえって上昇し，しかも最適混合比の位置が低流速の周囲空気側へと移動するので，混合比が上昇するほど，吹飛び限界速度勾配も上昇する．ただ，過濃混合気では，火炎が吹き飛ぶまでに，火炎基部がリムから離れて浮き上がる**浮上がり火炎**が見られるようになり，しかも，いったん浮き上がると，火炎基部をリムに**再付着**させるには，流速勾配を浮上がり限界よりさらに下げなければならない．

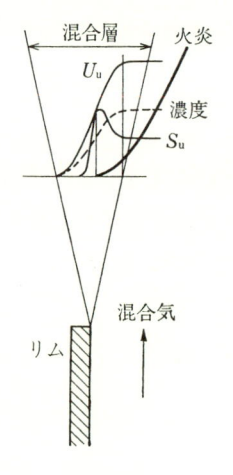

図7.6 過濃火炎の付着機構

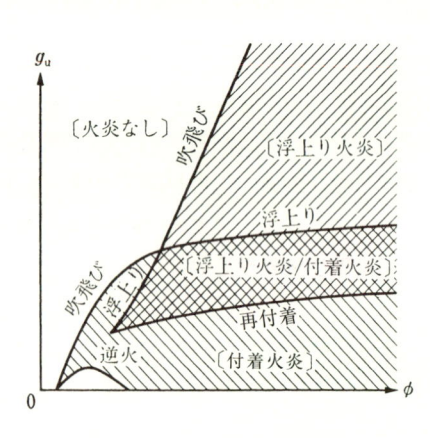

図7.7 バーナ火炎の挙動[4]

以上述べた現象を図示すると図7.7のようになる．これは静止空気中に上向きにブタン-空気混合気を吹き出した場合の火炎安定範囲を境界層速度勾配 g_u と当量比 ϕ で整理したものである．予混合火炎に比べて，部分予混合火炎や拡散火炎は逆火の心配もなく，吹飛びも起こりにくいことが分かる[*9]．さらに，火炎に伝ぱ性がないことから，振動燃焼も起こりにくくなる．
上記の現象は自由噴流火炎，またバーナリムを薄く仕上げた同軸噴流拡散火

[*9] ボイラや工業炉の大部分が拡散燃焼方式をとっているのは，主としてこの理由による．

炎バーナで観察されるが，バーナリムに数 mm 程度の厚みを持たせると，リム後流に還流領域が形成され，それが点火源となって火炎の安定範囲が一層広くなる[5-6]．バーナリムに環状スリットのパイロットバーナを設けると，さらに安定性を増すが，この場合でも，境界層速度勾配があまり大きくなると，境界層を横切って主流の方へ火炎が伝ぱできなくなり，主流の火炎は吹消える(**伸張吹消え**)[*10]．

【**例題 7-2**】 内径 10 mm のブンゼンバーナに理論混合比のプロパン-空気火炎が安定化されているという．混合気の平均流速が 2 m/s で，バーナを出た後も完全なポアゾイユ流が維持されるとして，管壁より 1 mm 内側の点でのカルロヴィッツ数を計算せよ．ただし，予熱帯厚み $\delta = 58.4\ \mu\text{m}$ とせよ．この火炎は伸張吹消えを起こす可能性があるか．

[**解**] 脚注 * 8) より混合気の流速分布：$u = 2u_m(1 - r^2/R^2)$．
∴ $du/dr = -4u_m r/R^2$．
　　$|du/dr|_{r/R=0.8} = 0.8 \times 4u_m/R = 0.8 \times 4 \times 2/(5 \cdot 10^{-3}) = 1280\ \text{s}^{-1}$
　　$|u|_{r/R=0.8} = 2u_m(1 - 0.8^2) = 1.44\ \text{m/s}$
∴ $K = |du/dr|(\delta/u) = 1280 \times 58.4 \cdot 10^{-6}/1.44 = 0.0519$
カルロヴィッツ数 $K = 0.0519 \ll 1$．
よってこの火炎が伸張吹消えを起こす可能性はない．

7.2.2 保　炎

高速の可燃混合気流中に火炎を安定させたり，燃料噴口の周囲もしくはすぐ下流に空気の循環流を作って火炎を安定させることを**保炎**と呼ぶ．保炎の手段としては，(1) 保炎器（スタビライザ），(2) 旋回器（スワーラ），(3) バーナタイル（赤熱固体面），(4) ウォールリセス型バーナ，(5) 予燃焼室（コンバスタ），(6) 対向噴流などが使われるが，いずれも高速流の中に還流領域，低流速領域，高温表面などを作り，そこで火炎を安定させようとするものである．

[*10] 火炎に流入する未燃混合気が火炎に近付くにつれて質量流束が減少するような，すなわち流線が広がって行くような状況を**火炎伸張**と呼ぶ．この場合，$\rho_u S_u > \rho_b S_b$ となって，図 4.1 のような 1 次元構造が失われ，火炎温度は低下する．よって燃焼速度が低下し，ついには消炎に至る．これを**伸張吹消え**と呼ぶ．流速勾配のある未燃混合気中で高速側に向けて火炎が伝ぱする場合にも，同様のことが起こる[7]．火炎伸張の度合を表す無次元数が**カルロヴィッツ数** $K = g_u \delta/U_u$ である（δ は火炎の予熱帯厚み）．$K \geq 1 \sim 2$ で通常の予混合火炎は吹き消えると言われている．

なお，拡散燃焼バーナでは，燃料噴射ノズル，レジスターベーン（旋回羽根），ウインドボックス（空気受入れ室），バーナタイル（バーナスロート），場合によっては点火装置を一体化した装置を**エアレジスタ**と呼び，燃料と空気の混合，火炎の安定化を考慮した総合設計がなされることも多い．

(1) の**保炎器（スタビライザ）**は流れの中に置かれた円柱，円盤，球，V面，円錐面などの形状を持つブラフボディ（非流線形物体）で，その後流に生じる閉じた還流領域に高温の燃焼ガスを閉じ込めて，これを高速予混合気流もしくは噴霧流の点火源としようとするものである[*11]．保炎器周囲の流れ場を図7.8に示す．還流領域が点火源として有効に働くためには，主流との境界に存在する強いせん断層を通して，火炎が外側へ伝ぱしなければならない．

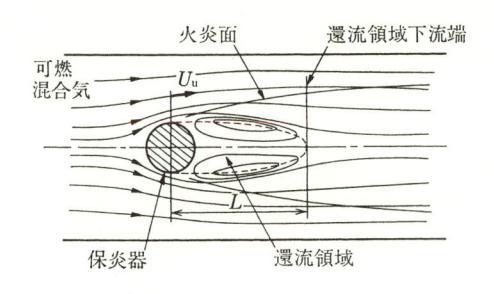

図7.8 保炎器周囲の流れ場[(8)]

(2) の**旋回器**は流れに旋回を与え，中心部に生じる負圧によって循環流を発生させて，火炎を安定化させようとするものである．旋回の強さは1.4.3項の式 (1.9) で定義される**スワール数** S で表される．

図7.9は，工業用バーナでよく使用される末広ノズルから燃焼室に噴出する旋回噴流の流れ模様である．(a) は旋回がないか，ごく弱い場合で ($S < 0.6$)，ノズル壁からのはく離と出口ステップによって環状逆流領域が生じ，火炎の根元へ燃焼ガスが還流される．この場合にはノズル出口下流に火炎が安定化されるが，振動を起こし易い．(b) は中程度の強さの旋回 ($S = 0.6 \sim 3$) を掛けた場合で，ノズル出口中央部に大きな逆流領域が形成され，ステップによる環状逆流領域とあいまって，ノズル内部から安定な火炎が形成される．(c) は強い旋回 ($S = 3 \sim 10$) を掛けた場合で，壁に沿う順流領域と，中央部に広

[*11)] V面や円錐面からなる**スタビライザ**と呼ばれるものは，面に通気穴を設けたり，旋回羽根をプレスして，上流から還流領域に直接，空気や混合気を導入するようにしたものが多い．

7.2 火炎の安定化（保炎） 125

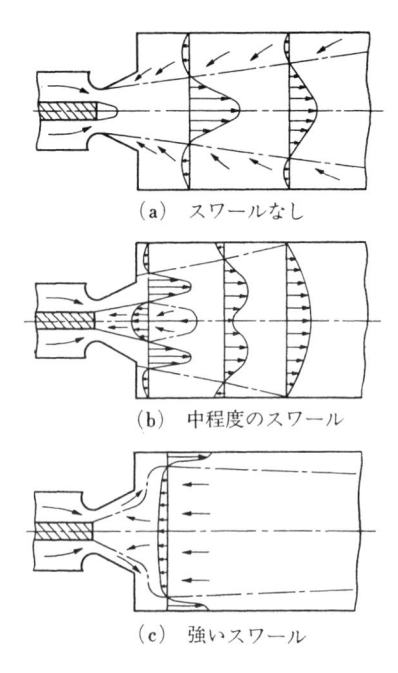

(a) スワールなし

(b) 中程度のスワール

(c) 強いスワール

図 7.9 末広ノズルからの旋回噴流[9]

い逆流領域を持つサイクロン形の流れが生じ，壁が赤熱されるので，ふく射加熱や希薄燃焼に適する．

【例題 7-3】 図 7.10 左半分に示すような旋回バーナがあり，軸方向流速成分 u と接線方向流速成分 w は平坦な分布をしているという．
 (a) 同図の右半分に示される燃焼室内のスワール数 S を計算せよ．
 (b) 燃焼室内の流れ模様を推測せよ．
   ただし，ガスの密度 $\rho = 1.20 \text{ kg/m}^3$ とせよ．
[解] $r' = r/r_1$ と置く．
 (a) 式 (1.9) より $G_a = \displaystyle\int_0^R (wr)(\rho u)(2\pi r)\,dr = 2\pi \rho r_1^3 uw \int_1^2 r'^2 dr'$
$$= 2\pi \rho r_1^3 uw \left[r'^3/3\right]_1^2 = (2/3)\pi \rho r_1^3 uw[8-1]$$
$$= (14/3)\pi \rho r_1^3 uw.$$
$G_t = \displaystyle\int_0^R (\rho u^2 + p)(2\pi r)\,dr = 2\pi r_1(\rho u^2 + p)\int_1^2 r'\,dr'$

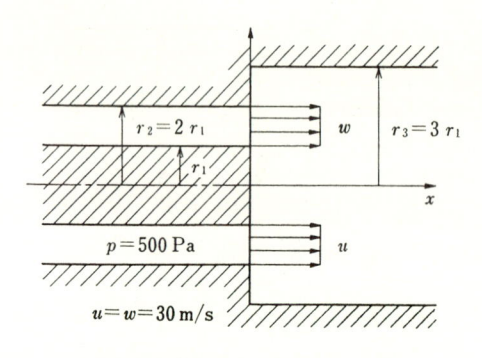

図 7.10 旋回バーナのスワール数

$$= 2\pi r_1^2(\rho u^2 + p)\left[r'^2/2\right]_1^2$$
$$= 3\pi r_1^2(\rho u^2 + p)$$
$$S = G_a/(G_t r^3) = (14/3)\pi \rho r_1^3 uw/[3\pi r_1^3(\rho u^2 + p)(3r_1)]$$
$$= (14/27)(w/u)/(1 + p/\rho u^2)$$

図中に $u = w = 30$ m/s とあることから,

$w/u = 1$, $p/(\rho u^2) = 500/(1.20 \times 30^2) = 0.463$.
∴ $S = (14/27)[1/(1+0.463)] = 0.354$.

なお,角運動量流量 G_a と並進運動量流量 G_t,したがってスワール数 S はバーナ部から燃焼室まで保存されるが,代表半径が r_2 から r_3 に変わる点に注意されたい.

(b) $S < 0.5$ であるから,中央円柱後流と外周ステップ下流以外に循環渦は形成されない.

したがって,流れ模様は図 7.11 のようになると推定される.

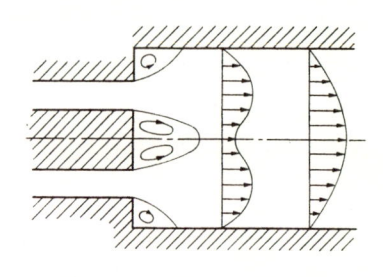

図 7.11 燃焼室内の流れ模様

(3) の**バーナタイル**は燃料噴口を頂点とする円錐状に設置される耐火材ブロックで,その内面が赤熱することにより火炎が安定化される.始動のためと,表面が赤熱するまで火炎の吹消えを防止するために,パイロットバーナを取り

付ける穴を設けることが多い．円錐角は噴霧や噴流の広がり角に合わせて決定されるが，少しはく離を起こす程度の角度が適している．また，単純な円錐形よりは多少複雑な凹凸があった方がよいとの考え方もある．

(4) の**ウォールリセス型バーナ**は図 7.12(a) に示すように，ステップ後流に形成されるリング状の循環流を点火源として利用するもので，保炎器付きバーナと見なし得る．また，図(b) のパイロット火炎付きリセス型バーナはスタビライザの変形とも見られ，抜群の保炎性能を示す．

主火炎

パイロット火炎

混合気　　　　　　　　混合気

(a) リセス型バーナ　　　(b) パイロット火炎付き
　　　　　　　　　　　　　　リセス型バーナ

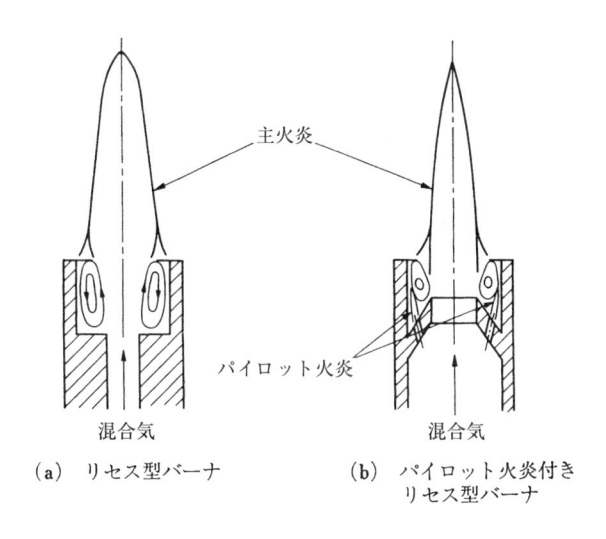

図 7.12　リセス型バーナ

(5) の**予燃焼室（コンバスタ）**は，数十 m/s もの流速で燃焼が起こっているガスタービンなどに適用される．このような高流速では，循環流を使って保炎すると，たとえ還流領域で燃焼が継続できても，周囲のせん断層を横切って火炎が主流に広がれないことがある．そこで，図 7.13 に示すように，燃焼器を一次燃焼領域，二次燃焼領域，希釈領域に分割し，よく攪拌された状態にある一次燃焼領域を理論混合比よりやや濃い，S_L の高い状態にして，そこで保炎する．二次燃焼領域では攪拌を抑えて，不足していた空気を補充することにより，燃焼を完結させる．この考え方を工業用噴霧燃焼器に適用して，保炎性を高めた例や[10]，ガスバーナに適用したシングルトロイダルバーナといったものもある[11]．

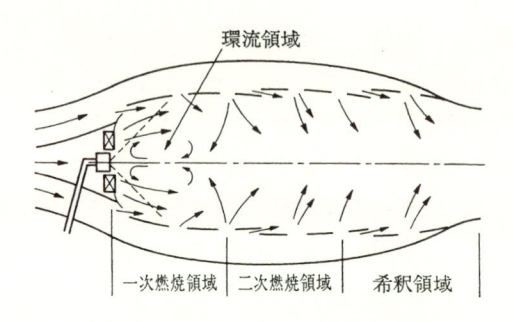

図 7.13 ガスタービンの缶形燃焼器

(6) の**対向噴流**は，空気の流れに対向するように燃料または部分予混合気を噴射し，岐点付近の低流速領域で火炎を安定化させようとするものである[10-11]．このような保炎方法はガス拡散火炎やガスタービン用蒸発型燃焼器に適用される（5.1.1項参照）．

7.3 火炎の検知

7.3.1 事故防止を目的とした火炎の検知

燃焼機器の爆発事故を防止するためには，常に火炎の存在を検知し，万一消炎した場合には，直ちに燃料の供給を止めて，可燃性ガスの排出（パージ）を行わなければならない．**火炎の検知**は，つぎのいずれかの方法によって行う．

(1) 火炎の発熱をモニターする．
(2) 火炎の発光をモニターする．
(3) 火炎の電気伝導度をモニターする．

(1) の発熱を利用するのが"バイメタル式火炎検知器"，(2) の発光をモニターするのが"CdSセル式火炎検知器"，"光電管式火炎検知器"，"紫外線式火炎検知器"の3種類，(3) の電気伝導度をモニターするのが"フレームロッド火炎検知器"である．

7.3.2 火炎の化学発光と輝炎発光のモニタリング

火炎は**化学発光**と呼ばれる近紫外，青色，青緑色の発光を伴う．また，すすの発生があると黄色または黄赤色の明るい**輝炎発光**が化学発光に重畳するか，それを覆い隠し，輝炎と呼ばれる状態になる．化学発光は化学反応によって生

成された直後のラジカル（OH，CH，C_2 など）が発するので，燃焼反応の検出に用いられる．

演習問題

(1) 当量比1.3のプロパン-空気混合気を火花点火するに要する最小の火花エネルギーは，室温，大気圧において0.25 mJ である．同じ混合気を1.9 MPa まで等温圧縮すると，最小点火エネルギーはいかほどになるか．

(2) 容器に封入された炭化水素-空気混合気が，ある温度範囲で第一，第二，第三の三つの爆発限界圧力を持つ理由を簡単に説明せよ．

(3) メタン-空気混合気は火炎温度が1400 K を越えると，自己継続的に燃焼し始めることが知られている．ある化学プラントから当量比0.2のメタン-空気希薄混合気が排出されるとして，これを燃焼させるためには，何℃に予熱する必要があるか．ただし，メタンの低発熱量 $H_l = 50.01$ MJ/kg，燃焼ガスの平均定圧比熱 $c_{pm} = 1.13$ kJ/(kg·K) で，燃焼装置における熱損失ならびに混合気中の水蒸気量は無視できるものとする．

引用文献

(1) Lewis, B. and von Elbe, G., Combustion, Flames and Explosions of Gases, 3rd Ed., (1987), Academic Press.
(2) 水谷, 燃焼工学・第3版, (2002), p.110, 森北出版．
(3) Mizutani, Y.・ほか2名, Proc. Combust. Inst., Vol.16, (1977), p.631, The Combustion Institute.
(4) Wohl, K.・ほか2名, Proc. Combust. Inst., Vol.3, (1949), p.288, Williams and Wilkins.
(5) 水谷・矢野, 機械学会論文集, **44**-379 (1978), 1036.
(6) 伊藤・ほか2名, 同上, **43**-374 (1977), 3868.
(7) 文献(2)の p.92．
(8) 文献(2)の p.101．
(9) Beer, J. M. and Chigier, N. A., Combustion Aerodynamics, (1972), p.125, Applied Science Publishers.
(10) 日本バーナ研究会（編）, 油燃焼装置取扱いの実際, (1976), p.69, 日刊工業新聞社．
(11) 辻, 燃焼機器工学, (1971), p.189, 日刊工業新聞社．

参考書

水谷幸夫, 燃焼工学・第3版, (2002), p.89, p.100, p.106, p.235, 森北出版
新岡 嵩・ほか2名（編著）, 燃焼現象の基礎, (2001), p.29, p.121, オーム社．
日本バーナ研究会（編）, 油燃焼装置取扱いの実際, (1971), p.64, p.68, p.103, 日

刊工業新聞社.
辻 正一, 燃焼機器工学, (1971), p.155, p.185, p.222, 日刊工業新聞社.
本田尚士 (監), 燃焼圏の新しい燃焼工学, (1999), p.36, p.1356, p.1376, フジ・テクノシステム.
日本機械学会 (編), 燃焼工学ハンドブック, (1995), p.147, p.185, 日本機械学会/丸善.

第8章　環境汚染の原因と環境保全

8.1　大気汚染原因物質の種類とその影響

　最近，燃焼によって大気中の二酸化炭素濃度が増加し，地球環境の温暖化を引き起こすことが心配されている．しかし，化石燃料やバイオマスから熱エネルギーを取り出すことが燃焼の目的である以上，"二酸化炭素"と"水蒸気"の発生は避けられないものであるし，燃焼によって酸素の欠乏を起こさない限り，二酸化炭素と水蒸気は人体に無害である．

　それに対して，不完全燃焼によって発生する"一酸化炭素"，"未燃炭化水素"，"アルデヒド"，"すす[1]"，"粒子状物質"などは，人体に有害である．また，石油や石炭に含まれている硫黄は燃焼することによって"硫黄酸化物（SO_x, $x=2\sim 3$）"を形成し，石炭，バイオマス，石油に含まれている窒素は空気中の窒素ガスとともに"窒素酸化物（NO_x, $x=1/2\sim 2.5$）"を形成する[2]．さらに，未燃炭化水素と窒素酸化物は太陽光の照射を受けて光化学反応を起こし，オゾンを主成分とする"オキシアセチルナイトレート（**PAN**）"を，亜硫酸ガス（SO_2）は霧と接触して硫酸ミストを生成する．これらは紫外線照射の強い夏の無風時などに**光化学スモッグ**と呼ばれる薄茶色の気流として漂い，目や気道の粘膜を刺激する健康障害や植物の葉への障害を引き起こす．

　太陽光照射のある大気中で，硫黄酸化物は酸素や水蒸気と反応して硫酸を，窒素酸化物は酸素や水蒸気と反応して硝酸を作り出し，両者で"酸性雨"を発生させる．燃焼装置内で硫酸や硝酸に変わったものは煙道，節炭器，煙突を腐

---

[1]　すす生成の中間体とされる"多環芳香族炭化水素（**PAH**）"は多数のベンゼン環から成る炭化水素類の総称であるが，発がん性を持つものが多く，大気のみならず土壌，河川，野菜，魚介まで汚染するので注目されている．ディーゼルエンジンの排気に多く含まれる．

[2]　$x=1/2$の場合はN_2Oと表記し，亜酸化窒素と呼ぶ．別名"笑気ガス"とも呼ばれ，石炭燃焼によって多く生成されるが，赤外線吸収率，すなわち地球温暖化効果が二酸化炭素の100～200倍にも達し，オゾン層破壊作用も持つ．ただ，現在の大気中体積濃度は二酸化炭素の1/1000弱である．

食し，燃料中にバナジウムや塩素が含まれていると腐食性や毒性が強化される．

最近では塩素を原因物質としてごみ焼却炉から排出される"ダイオキシン類"や，トランスの絶縁油としてかつて製造された"PCB"の焼却処理が問題となっている．

8.2 一酸化炭素と未燃炭化水素

石油や天然ガスの主要成分である炭化水素 C_mH_n が燃焼する場合には，まず低級炭化水素に熱分解され，一酸化炭素や水素を経由して，二酸化炭素や水蒸気にまで酸化される．この低級炭化水素の一部は重合して，もとの炭化水素より高級な炭化水素を生成することもある．石炭の分解燃焼においてはタール，炭化水素蒸気，一酸化炭素，水素などが燃焼するし，チャーの表面燃焼においても，一酸化炭素の気相燃焼が重要な役割を果たすこともある．このことから，一酸化炭素と低級炭化水素は化石燃料の燃焼における主要な中間生成物であることが分かる．

このようにして一時的に生成した一酸化炭素や低級炭化水素は，燃焼のプロセスで何らかの理由で急冷されると（低温表面に接触したり，排気弁が開くなど），以後の反応が起こらなくなり（**反応の凍結**），そのまま排出される．また当量比が1より大きい燃料過濃燃焼においては，反応の凍結が起こらなくても，一酸化炭素や未燃炭化水素が排出される．

8.2.1 一酸化炭素

2.5節の図2.1には，エチレン（C_2H_4）と空気の理論混合気の平衡組成が温度の関数として示されている．この図によると，過剰燃料を全く含まない理論混合気でさえも，2200 K 以上の温度では CO 濃度が1%以上になる．同様の計算を当量比 ϕ を変えて行った結果を図8.1に示す．当量比1.1以上の過濃混合気では，1000 K 程度の低温雰囲気でも1%以上の CO が生じる．一方，当量比1.0以下の希薄混合気では，CO の平衡濃度は温度に大きく依存し，1500 K 以下では痕跡程度となる．このことから，希薄混合気を完全燃焼させて低温で排気すれば，CO はほとんど排出されないことが分かる．

ところが，実際には当量比1.0以下の希薄混合気においても CO が排出さ

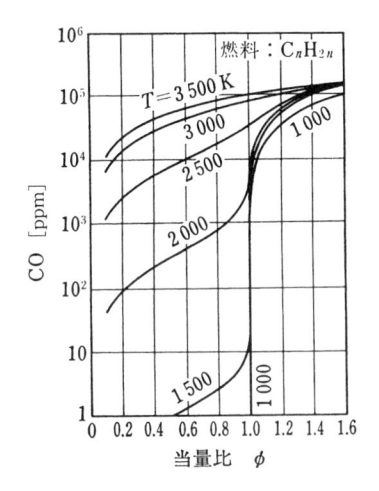

図 8.1　一酸化炭素の平衡濃度

れ，特にガソリンエンジンにおいては当量比 0.9 程度までかなりの濃度の CO が排出される．この原因としては，
(1) 混合が一様でなく，局所的に燃料過濃のガス塊が存在する．
(2) 排気弁が開くときの断熱膨張による瞬間的な温度降下によって反応が凍結され，高温での平衡組成を保ったままのガスが排出される．

の二つが考えられる．したがって，CO の排出濃度を下げるためには，当量比 1.0 以下の希薄燃焼を行わせることは当然であるが，できるだけ混合をよくし，かつ反応が凍結しないようにガス温度を緩やかに下げなければならない．

8.2.2　未燃炭化水素

炭化水素の燃焼の初期段階で通常見られる炭化水素の熱分解反応は非常に複雑な連鎖反応で，中間生成物として種々の低級炭化水素が出現する．低温表面との接触や急激な断熱膨張等により温度が急激に低下し，反応が凍結されると，中間生成物が未燃のまま排出される．また，液体燃料の噴霧燃焼で微粒化状態が悪いと，巨大油滴が蒸発を完了しないまま，高温領域を通過してしまうこともある．このようなことから，未燃炭化水素の生成原因と低減対策は，一酸化炭素の場合とほぼ同じということになる．事実，両者の排出傾向は相似していることが多く，一方を減らせば，他方もほぼそれに比例して減少する．

134   第8章　環境汚染の原因と環境保全

【例題 8-1】 ブタンを当量比 1.1 で燃焼させたという．一酸化炭素と未燃炭化水素（UHC）の排出濃度（乾き燃焼ガス中の体積百分率）を推定せよ．ただし，燃焼ガスは CO_2, CO, UHC, H_2O, N_2 だけから成り，UHC の平均分子式は C_2H_4, CO と UHC のモル比は 9：1 とせよ．

［解］　反応式：$C_4H_{10} + (1/1.1) \times 6.5\,O_2 = xCO_2 + 9yCO + yC_2H_4 + zH_2O$.
これ以外に，$(1/1.1) \times 6.5 \times 0.790/0.210 = 22.23\,m^3/m^3$ fuel の N_2 が存在する．
C バランス：$4 = x + 9y + 2y$ 　　(a)，　H バランス：$10 = 4y + 2z$ 　　(b)
O バランス：$2 \times 6.5/1.1 = 2x + 9y + z$ (c)，　式(a)より，$x + 11y = 4$ 　　(a′)
式(b)より，$2y + z = 5$ 　　　　　(b′)　　式(c)より，$2x + 9y + z = 11.82$ (c′)
式(a′)〜(c′)を連立させて解くと，$x = 3.133$, $y = 0.0788$, $z = 4.842$.
∴　CO_2：$x = 3.133\,m^3/m^3$ fuel,　CO：$9y = 0.7091\,m^3/m^3$ fuel,
　　C_2H_4：$y = 0.0788\,m^3/m^3$ fuel,　H_2O：$z = 4.842\,m^3/m^3$ fuel,
　　N_2：$22.229\,m^3/m^3$ fuel.
$V_d = 3.133 + 0.7091 + 0.0788 + 22.229 = 26.15\,m^3/m^3$ fuel.
∴　(CO) $= 100 \times 0.7091/26.15 = 2.71\,\%$,
　　(UHC) $= 100 \times 0.0788/26.15 = 0.30\,\%$.

8.3　すすと粒子状物質

燃料の熱分解過程で酸素が不足すると，低級炭化水素や活性基が重合して**すす**を生成する．また，油滴や微粉炭中の残炭分（セノスフェアとチャー）が未燃のまま排出されると，灰とともに**粒子状物質**を形成する．すすや粒子状物質は炉壁，伝熱面，煙道に堆積し，自然に，あるいはすす吹き（スートブローイング）によりはく離して，比較的大きな粒子状物質とともに**ばい塵**となって地上に降下する．

8.3.1　す　す

すすは直径数十 nm の球形炭素粒子が別々に存在するか，あるいは図 8.2 に見られるように，何十もの球形粒子が複雑な鎖状につながって凝集体を形成している．すすをグラファイトと考えて化学平衡計算を行うと，予混合ガス火炎では空気比 0.4 程度までは，すすが生成されないと予想される．ところが実際には，空気比 0.7 程度からすすの発生が観察される．すすは微粉炭火炎の分解燃焼領域，噴霧火炎の油滴密集領域，ガス拡散火炎の燃料側で生成されること

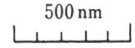

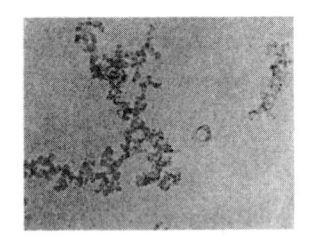

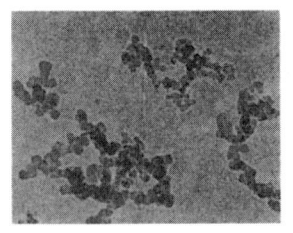

図 8.2　すすの電子顕微鏡写真

が知られている．

　すすの生成メカニズムは明確でないが，炭化水素の重合等によって生成した巨大炭化水素分子が電荷を帯びて凝集し，その表面にさらに炭化水素が析出して成長する．そして衝突と合体を繰り返しながら脱水素反応が進行し，固体の球形粒子（直径数 nm～数十 nm）に変化して行く．この球形粒子は電荷を帯びているので，互いに凝集して鎖状につながり，凝集体を形成する．その間，球形粒子の酸化反応も並行して進行する．

　すすは有害物質とされているが，すすの生成が全くなければ，火炎は不輝炎（青炎）となり，火炎から被加熱物へのふく射伝熱量は激減する．したがって，高温領域ですすが生成され，ふく射媒体としての役目を果たした後，酸化されて完全に消滅することが望ましい．そのためには，すすを必要以上に生成させず，また，巨大凝集体まで成長させないことと，低温表面との接触や低温ガスとの混合により急冷しないことが大切である．凝集体の成長を抑制する目的に排気再循環やバリウム，カリウム等の金属化合物を燃料に添加することが行われる．

　なお，すす生成の中間体と考えられ，すすと共存することが認められている **PAH** は，多数のベンゼン環から成る炭化水素類の総称である．発がん性を持つものが多く，大気のみならず土壌，河川，野菜，魚貝まで汚染するので注目されているが，ディーゼル排気に多く含まれる．

8.3.2　粒子状物質とばい塵

　粒子状物質は油滴の残炭分であるセノスフェアや，微粉炭の残炭分であるチャーが燃焼し切らずに排出されるものであるから，すす粒子の数 nm～数百

nmに比べて遥かに大きく，数 μm～数百 μm となっている．その低減対策としてはつぎのような方法がある．

(1) 噴霧燃焼においては微粒化を良好にし，粗大油滴の発生を避ける．微粉炭燃焼の場合も粉砕を良好にし，粗大粒子の混入を避ける．

(2) 燃料の噴射方向や貫通距離，一次・二次空気の流れ模様（流速，流量，旋回度と旋回方向）を最適化して，蒸発と燃焼を終えるまでは油滴や微粉炭粒子が高温領域に留まるようにする．

(3) **水乳化燃焼法（エマルジョン燃焼法）** の採用．油滴のミクロ爆発によりセノスフェアの発生が抑制される上に，水性ガス反応によってすすの発生量も低減される．

一方，ばい塵は煙突から排出される前に，集塵技術によって除去しなければならない．燃焼装置で利用される集塵技術には **遠心力集塵（サイクロン），ろ過集塵（バグフィルター），電気集塵，洗浄集塵** がある．

8.4 窒素酸化物

窒素酸化物には N_2O, NO, NO_2, N_2O_5 がある（NO_x と総記する）．N_2O は石炭の燃焼時に発生し，温室効果が高いことで問題になっている．NO は血液中のヘモグロビンと結合して酸欠症状を起こさせる．また，NO_2 は刺激臭が強く，気管や肺の障害を招く．窒素の起源（大気もしくは燃料）と，その酸化物の生成メカニズムによって，サーマル NO_x，プロンプト NO_x，フューエル NO_x に分けられる．

8.4.1 サーマル NO_x

空気中の窒素を原料とし，1800 K 以上の高温で生成される．**拡大ゼルドヴィッチ機構**と呼ばれるつぎの反応によって，火炎帯の下流で緩慢に増加する．

$$N_2+O=NO+N \qquad (R\ 24)$$
$$O_2+N=NO+O \qquad (R\ 25)$$
$$N+OH=NO+H \qquad (R\ 26)$$

これらの反応で生成した NO はその後の雰囲気条件（温度や酸素濃度）によっては，ある割合まで NO_2 に変化してゆくので，サーマル NO_x と総称することにする．サーマル NO_x が多量に生成されるのは燃料希薄な高温領域で

あるが，そこでは反応 (R 26) が無視できるので，若干の仮定を置くと NO のモル濃度 [NO] の増加率 [mol/m³·s] が次式のように簡単な形で得られる[1]．

$$d[NO]/dt = k[N_2][O_2]^{1/2} \tag{8.1}$$

ただし k はアレニウス型の温度関数である．$[O_2]$ の指数が"1/2"である点に注意されたい．

サーマル NO_x の発生量を低減する燃焼技術（**低 NO_x 燃焼技術**）には，つぎのようなものがある．

(a) 希薄予混合燃焼 燃焼方式を予混合燃焼に変えて当量比を下げることにより，燃焼温度の上限を 1800 K 以下に抑える方法である．プロンプト NO_x も同時に低減できる．

(b) 排気再循環 ファンを使って煙道ガスを炉の上流部に戻すことにより，燃焼温度と酸素濃度を制御する方法である．**再循環ガス混入率（GM 率**と略称される）$\varPhi$ は，普通

$$\varPhi = (煙道ガス混入量 [m^3_N])/(2\% O_2 換算燃焼用空気量 [m^3_N]) \tag{8.2}$$

と定義される．分母は排気中の O_2 濃度が 2% になるような空気量を意味する．$\varPhi=0.2$ で NO_x の排出濃度を 1～2 けた下げることができる．

(c) 燃焼温度の低下 理論混合比付近の燃焼を避けるために，燃料希薄燃焼と過濃燃焼を行うバーナをペアにして設置し，燃焼後に燃焼ガスを混合して最終的に理論混合比の燃焼を行わせる**濃淡燃焼**，**水噴射**や**水蒸気噴射**によって燃焼温度と酸素濃度を同時に下げる方法等がある．

(d) 二段燃焼 燃焼過程を 2 段階に分割し，第 1 段で燃料過濃燃焼を行わせて NO_x の生成を抑制した上で，二次空気を送って理論混合比以下で完全燃焼を行わせる．第 2 段の燃焼が起こるまでに被加熱物への伝熱等により熱損失を起こさせて，温度上昇を抑制する．

8.4.2 プロンプト NO_x

上述のサーマル NO_x が燃料希薄火炎の火炎帯下流で緩やかに生成されるのに対して，燃料過濃火炎では，ほとんどの NO_x が空気中の窒素を起源としながらも火炎帯内で急速に生成されてしまう．そのとき，火炎帯前半部で HCN の生成が見られ，後半部でそれが減少するにつれて NO が出現する．これは NO_x の生成プロセスが燃焼の連鎖反応スキームに組み込まれているためと見

られ、そのことから**プロンプト NO_x** の名がある。生成濃度は当量比 1.2〜1.4 で最大となり、ベンゼンの 100 ppm、アセチレンの 300 ppm を除いては、大体 60〜80 ppm である。プロンプト NO_x の生成に関与する反応は活性化エネルギーの小さいものが多く、温度を下げても生成量に大きな変化は見られない。したがって希薄燃焼に切り換える以外に、有効な対策は存在しない。

8.4.3 フューエル NO_x

サーマル NO_x とプロンプト NO_x が空気中の窒素を起源としたのに対して、これは燃料中の窒素分（**フューエル N** と略称する）を起源とする。窒素分は石炭で 0.2〜3.4％、C 重油で 0.1〜0.4％ 含まれており、副生ガスや石炭ガスにもアンモニアやシアン化水素の形で含まれる。フューエル N は火炎帯とその直後で急速に NO_x に変換されるが、それを**フューエル NO_x** と呼ぶ。フューエル N の内、フューエル NO_x に変わったものの割合を**変換率（転換率）**と呼び、次式で定義される。

$$変換率 = (フューエル NO_x の生成モル数)/(フューエル N の g 原子数) \tag{8.3}$$

変換率は温度が高いほど、また酸素濃度が高いほど高くなり、80％ を越えることもある。しかし、サーマル NO_x ほどには温度依存性が高くない。また、フューエル N 含有率が上がると、生成モル数は増えるが、変換率は低下する傾向が見られ、含有率 0.1％ で 80％ もあった変換率が 5％ で数十％ に落ちる。

フューエル NO_x の発生量を低減する燃焼技術と排煙処理技術には、以下のようなものがある。

(a) 二段燃焼 フューエル N が NO_x に変換されるプロセスにおいては、最終生成物である NO 以外に、中間生成物として HCN と NH_3 が現れる。この中間生成物は酸素の供給があると NO_x に変わるが、当量比 1.3 付近に $NO+HCN+NH_3$ の総量の極小点があり、そこでは HCN や NH_3 を分解するのに必要な温度が維持されている。この付近で第 1 段目の燃焼を行わせ、HCN や NH_3 を N_2 にまで分解した後、2 段目の燃焼を行わせるというのがフューエル NO_x 低減のための二段燃焼である[*3]。

[*3] 同じ "二段燃焼" でも、8.4.1(d)項の "サーマル NO_x" 低減を目的とした "二段燃焼" とは原理が全く異なる点に注意されたい。

(b) 炉内脱硝 主燃焼領域の下流に燃料を吹き込んで還元領域を形成させ，主燃焼領域で生成したNO_xをそこでN_2まで還元する．当然，不完全燃焼成分が発生するが，下流に空気（**オーバーエア，OFA** と略称される）を吹き込んで完全燃焼させる．

(c) 排煙脱硝 乾式法と湿式法がある．前者は排気にアンモニアを吹き込んで，200〜400°Cで触媒と接触させ，次の反応を起こさせる．

$$6\,NO + 4\,NH_3 \rightarrow 5\,N_2 + 6\,H_2O \tag{R 27}$$

$$6\,NO_2 + 8\,NH_3 \rightarrow 7\,N_2 + 12\,H_2O \tag{R 28}$$

湿式法にはいろいろの方式があるが，湿式排煙脱硫との兼用プロセスが有利である．NO_xをあらかじめオゾンでNO_2に酸化しておき，脱硫過程で生成する石膏とつぎのように反応させる方法が考案されている．

$$2\,NO_2 + 4\,CaSO_3 \rightarrow N_2 + 4\,CaSO_4 \tag{R 29}$$

$$4\,NO_2 + 4\,CaSO_4 + 2\,H_2O \rightarrow Ca(NO_2)_2 + Ca(NO_3)_2 + 2\,Ca(HSO_3)_2 \tag{R 30}$$

【例題 8-2】 有機窒素を0.25%，燃焼性硫黄を2.0%含んだC重油を空気比1.1で完全燃焼させたと言う．N分はすべてNOに，S分はすべてSO_2になり，サーマルNOとプロンプトNOの発生はないものとして，乾き燃焼ガス中のNOとSO_2の体積分率［ppm］を計算せよ．ただし，C重油の平均分子式はC_nH_{2n}で表されるものとする．

［解］C_nH_{2n}の$1/n$［mol］当たり，Nがx［g atom］，Sがy［g atom］だけ含まれているとする．
C_nH_{2n}の分子量は$(12.011+2.016)n = 14.027\,n$,
NとSの原子量は14.007と32.066．
題意から，

$$100 \times 14.007x/(14.027+14.007x+32.066y) = 0.25 \tag{a}$$

$$100 \times 32.066y/(14.027+14.007x+32.066y) = 2.00 \tag{b}$$

整理すると，

$$0.03507 - 13.972x + 0.08017y = 0 \tag{a'}$$

$$0.28054 - 0.28014x + 31.425y = 0 \tag{b'}$$

式(a')と(b')を連立させて解くと，$x = 0.002561$, $y = 0.008950$.
Fuel NをN_Fと表記する．

$$1/n\,C_nH_{2n} + xN_F + yS + 1.1(3/2 + y)[O_2 + (0.790/0.210)N_2]$$
$$= CO_2 + H_2O + xN_FO + ySO_2 + [0.1(3/2 + y) - (1/2)x]O_2$$
$$+ 1.1(3/2 + y)(0.790/0.210)N_2$$

C_nH_{2n} の $1/n$ [mol] 当たり乾き燃焼ガス量 V_d は,
$$V_d = 1 + x + y + 0.1(3/2 + y) - (1/2)x + 1.1(3/2 + y)(0.790/0.210)$$
$$= 1 + 0.15 + 0.5x + 1.1y + 4.138y + 6.207$$
$$= 7.357 + 0.5x + 5.238y = 7.405$$
∴ N_FO の体積分率 $(N_FO) = x/V_d = 3.458 \cdot 10^{-4} = 346$ ppm.
SO_2 の体積分率 $(SO_2) = y/V_d = 1.209 \cdot 10^{-3} = 1209$ ppm.

【例題 8-3】 第 2 章の演習問題(3)では,当量比 3 で運転される灯油焚きガスタービンの NO_x 排出濃度(= 50 ppm)を排気中酸素濃度 $(O_2) = 5\%$ における値に換算した.そこでは厳密な換算を a,b,c,d の 4 段階に分けて行うように問題を設定した.しかし,若干の誤差を覚悟するなら,次式を用いて排気中酸素濃度 $(O_2)_1$ における排出濃度 $(NO_x)_1$ を $(O_2)_2$ における排出濃度 $(NO_x)_2$ に換算することができる.そのことを証明し,誤差の値を計算せよ.

$$\frac{(NO_x)_2}{(NO_x)_1} = \frac{0.21 - (O_2)_2}{0.21 - (O_2)_1} \tag{8.4}$$

[解] 完全燃焼を仮定し,2.3 節の式 (2.33) において,$\xi = 0$ と置く.すると,
$$V_{d1}(O_2)_1 = 0.210(\alpha_1 - 1), \qquad V_{d2}(O_2)_2 = 0.210(\alpha_2 - 1)$$
辺々割算して整理すると,$V_{d1}/V_{d2} = [(\alpha_1 - 1)/(O_2)_1]/[(\alpha_2 - 1)/(O_2)_2]$
式 (2.36) より,$1/\alpha_1 \fallingdotseq 1 - (O_2)_1/0.21, \qquad 1/\alpha_2 \fallingdotseq 1 - (O_2)_2/0.21$
∴ $(\alpha_1 - 1)/(O_2)_1 = 1/[0.21 - (O_2)_1], \qquad (\alpha_2 - 1)/(O_2)_2 = 1/[0.21 - (O_2)_2]$
さらに,NO_x の発生量は換算前後で変わらないから,
$$(NO_x)_1 V_{d1} = (NO_x)_2 V_{d2}$$
∴ $(NO_x)_2/(NO_x)_1 = V_{d1}/V_{d2} = [0.21 - (O_2)_2]/[0.21 - (O_2)_1]$
これで証明ができた.

2.2 節に従って平均分子式が C_nH_{2n} の灯油を空気比 $\alpha = 3.0$ で完全燃焼させた場合 $(\xi = 0)$ の排気中酸素濃度 $(O_2)_1$ を計算すると,$(O_2)_1 = 0.1433$ となる.この結果を上式に代入すると,
$$(NO_x)_2/(NO_x)_1 = [0.21 - (O_2)_2]/[0.21 - (O_2)_1]$$
$$= (0.21 - 0.05)/(0.21 - 0.1433) = 2.399$$
∴ $(NO_x)_2 = 2.399 \times 50$ ppm $= 120$ ppm
となって,厳密な計算を行った演習問題の解答と完全に一致する[*4].

8.5 硫黄酸化物

硫黄を含んだ燃料を燃焼させると,含まれる燃焼性硫黄(S 分と略称)のほ

[* 4)] ただし,式 (2.36) を用いて $(O_2)_1$ を計算した場合には,$(NO_x)_2 = 114$ ppm と 5% の誤差が出る.なお,式 (8.4) は窒素酸化物以外の排出ガス成分にも適用できる.

ぼ全量がいったん SO_2 に変わる．それが残存酸素とともに冷却されると，次式の平衡点が右に移動する．

$$SO_2 + 1/2\, O_2 = SO_3 \tag{R 31}$$

SO_3 はばい塵や壁面に吸着され，吸着状態で燃焼ガス中の水蒸気と反応して硫酸を作る．

$$SO_3 + H_2O = H_2SO_4 \tag{R 32}$$

硫酸水溶液の飽和蒸気圧は低く，表面温度がかなり高くても凝縮を起こす．これは**低温腐食**の原因となるとともに，**酸性ばい塵（アシッドスマット）**を作り出す．SO_2 と SO_3 を合わせて SO_x と表記する．SO_3 の生成を抑制するためには，燃焼温度を高め，燃焼ガス中の酸素分圧を低くすればよい．すなわち，低空気比燃焼が有効である．

SO_x の全生成量を低減する燃焼法というものは存在せず，S 分の少ない燃料を使用するか，排煙脱硫を行うよりほかに方法はない．ただ，流動層燃焼で流動媒体に石灰石やドロマイトを使い，層内温度を適当に（800〜950℃）に保つと，**炉内脱硫**が実現できる．

排煙脱硫には乾式法，半乾式法，湿式法がある．**乾式脱硫法**は SO_2 を活性炭や触媒に吸着させた後，単体の硫黄に還元する方法である．**半乾式脱硫法**は SO_3 を水やスラリーに吸収させ，硫黄や硫酸として回収する方法である．**湿式脱硫法**は SO_2 を水溶液やスラリーに吸収させて回収する方法で，吸収液に石灰スラリーを用い，石膏（$CaSO_4 \cdot 2\,H_2O$）として固定する**石灰・石膏法**が一般的である．

8.6 酸性雨の原因

8.1 節でも記述したように，強い太陽光の照射を受けて，硫黄酸化物は水蒸気と反応して硫酸ミストを形成し，窒素酸化物は水蒸気や酸素と反応して硝酸ミストを作り出す．この両者が混合して酸性雨の原因物質になる．しかし，詳細なプロセスはそれ程明確ではない．

簡単な化学平衡計算によると，2000 K 程度の高温火炎中では，燃料中の S 分のほとんどすべてが SO_2 になり，SO_3 は SO_2 の 8/10000 程度しか生成されない．しかし水蒸気と反応して硫酸を生成するのは SO_3 であって，SO_2 ではない．ところが常温の大気中では，化学平衡に達するのに十分な時間が与えられ

れば，ほとんどすべての SO_2 は SO_3 に変わるはずである[*5]．もちろん，常温での反応は非常に緩慢であるが，もし高エネルギー光子を含んだ太陽光の照射があれば，数時間もしくは数日でかなりの割合の SO_2 が SO_3 に変わる可能性はある．いったん SO_3 に変われば，容易に硫酸ミストを生成する．

窒素酸化物についても同様の化学平衡計算を行うと，2000 K 程度の高温火炎中では NO_2 は NO の 5/10000 程度しか生成しない．しかし，水蒸気や炭化水素などと反応して硝酸や PAN などを生成するのは NO_2 であって，NO ではない．ところが常温の大気中に十分長時間滞留すると，ほとんどすべての NO は NO_2 に変わると予想される[*6]．さらに夏の光化学スモッグが天気のよい日の昼頃に現れることを考えると，強い日光の照射下では，この変化は数時間もあれば十分なようである．いったん NO_2 に変われば，容易に硝酸ミストや PAN を生成すると見られる．

8.7 ダイオキシンと PCB[3-4]

ダイオキシンは，ポリ塩化ジベンゾパラジオキシン（PCDD）とポリ塩化ジベンゾフラン（PCDF）の異性体類の混合物である．その化学構造は図 8.3(a) と (b) に示すように，二つのベンゼン核の炭素原子同士が酸素原子を介して，あるいは直接に結合したもので，両ベンゼン核の水素原子の内 1〜8 個が塩素原子で置換されている．結合する塩素原子の数と位置により，75 種＋135 種の異性体が存在し得る．常温では固体で，親油性はあるが水への溶解度は極めて低い．600℃以下では極めて安定であるが，800℃以上で 99.9% 以上が分解する．毒性は異性体によって異なるが，最強のものは青酸カリの 1000 倍以上という人工物最強の毒性を持ち，塩素座瘡，浮腫，胸腺萎縮，肝臓障害などを惹き起こす．

発生源は，(1) 都市ごみ焼却施設，(2) PCB，農薬，クロロフェノールなど

[*5] $SO_2+1/2\,O_2 \rightleftarrows SO_3$ なる部分平衡を考えると，SO_3 と SO_2 の分圧比 p_{SO3}/p_{SO2} は 2000 K で $5.623 \times 10^{-3} p_{O2}^{1/2}$，298 K で $2.624 \times 10^{12} p_{O2}^{1/2}$ となる．火炎中での $p_{O2}=0.021$ bar，大気中での $p_{O2}=0.21$ bar とすると，火炎中の $p_{SO3}/p_{SO2}=8.15 \times 10^{-4}$，大気中の $p_{SO3}/p_{SO2}=1.202 \times 10^{12}$ となる[2]．

[*6] $NO+1/2\,O_2 \rightleftarrows NO_2$ なる部分平衡を考えると，NO_2 と NO の分圧比 p_{NO2}/p_{NO} は 2000 K で $3.499 \times 10^{-3} p_{O2}^{1/2}$，298 K で $1.556 \times 10^6 p_{O2}^{1/2}$ となる．火炎中での $p_{O2}=0.021$ bar，大気中での $p_{O2}=0.21$ bar とすると，火炎中の $p_{NO2}/p_{NO}=5.07 \times 10^{-4}$，大気中の $p_{NO2}/p_{NO}=7.13 \times 10^5$ となる[2]．

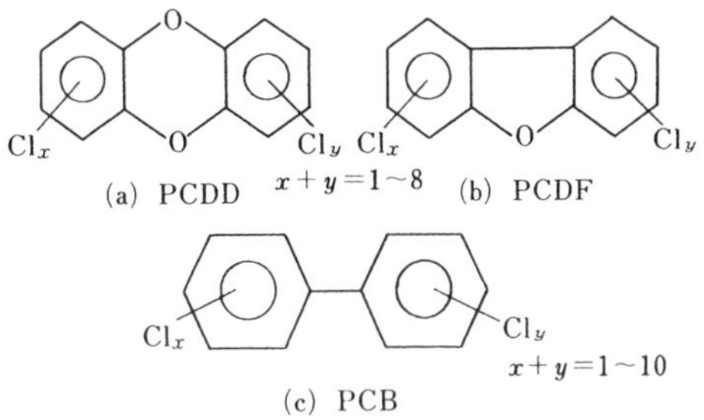

8.7 ダイオキシンとPCB

(a) PCDD $x+y=1\sim8$
(b) PCDF
(c) PCB $x+y=1\sim10$

図 8.3 ダイオキシン類と PCB の化学的構造[3-4]

の化学製品，(3) 製鋼や金属精錬のプロセス，(4) 自動車排気，(5) 紙，パルプの塩素漂白工程で，特に最初の二つの寄与率が高い．

都市ごみ焼却施設では，300°C程度の低温領域で，塩素化合物を含む有機物が不完全燃焼する際に，灰の表面で塩化銅などを触媒としてダイオキシンが生成する．特に燃焼温度が低く，燃焼状態が変動しがちな小型焼却炉で，高濃度のダイオキシンが排出されることが多い．ダイオキシンは排気（フライアッシュを含む）とともに排出されるだけでなく，焼却灰や処分場土壌に含まれ，化学的安定性が高いことから，食品や環境に蓄積される．そして，食物連鎖の高位に位置する生物（肉食動物や人類等）に濃縮される．その分析はガスクロマトグラフと質量分析計によるが，前処理としてのクリーンアップや抽出の操作が厄介で，莫大なコストがかさむ．

一方，**PCB**（ポリ塩化ビフェニール）は燃焼や焼却のプロセスで生成するものではなく，電気絶縁油として，かつて工業的に生産され，現在では製造が禁止されているものである．その化学構造は図8.3(c)に示すように二つのベンゼン核の炭素原子が結合し，さらに両ベンゼン核の水素原子の内の1～10個が塩素原子で置換されたもので，209種類の異性体が存在し得る．やはり，その安定性から環境に蓄積し，食物連鎖の上位にある生物に蓄積されて，環境ホルモンとして形態変異などを惹き起こす．この物質は現在では製造が禁止されているが，保管義務を課せられている量は，トランス，コンデンサとして43万t，絶縁油として14.6万tがあると推定され，処理しないといずれは環境に漏洩するし，現に漏洩が問題になっている．処理方法としては，1100°C以上での高温焼却処理以外に，最近では水酸化分解法，還元熱化学分解法，光分解法が追加承認されている．

演習問題

(1) ブタンを空気比 1.2 で完全燃焼させて得られる燃焼ガスを 1700 K から急冷して，反応を凍結させたと言う．急冷する前には，N_2，O_2，NO の間に部分平衡が成り立っていたとして，乾き燃焼ガス中での NO の体積分率 [ppm] を計算せよ[*7]．ただし，1700 K における NO の生成平衡定数 $K_{fNO} = p_{NO}/(p_{N_2} \cdot p_{O_2})^{1/2}$ は 7.656×10^{-3} とする．

(2) 大気中の二酸化炭素濃度の増加を防ぐために，燃焼によって発生する二酸化炭素を固定するとすれば，質量比で燃料の何倍の二酸化炭素を処理しなければならないか．また，それを回避するために，何らかの手段で燃料中の炭素をグラファイトとして回収したとすれば，燃料の低発熱量はどれだけ減少するか．n-ブタン（液）について試算せよ．ただし，本問に関係する化学種の 1 atm，298.15 K におけるモルエンタルピー $H^0(298.15\,\mathrm{K})$ はつぎのとおりである．

化学種	単 位	C_4H_{10}	O_2	CO_2	C	H_2O
$H_0(298.15\,\mathrm{K})$	kJ/mol	-147.5	0.0	-393.5	0.0	-241.8

引用文献

(1) 水谷，燃焼工学・第 3 版，(2002)，p.217，森北出版．
(2) 水谷，同上，p.71．
(3) 白鳥，機械学会誌，**104**-995 (2001)，689．
(4) 小椋，燃焼生成物の発生と抑制技術（新井監修），(1997)，p.207，テクノシステム．

参 考 書

水谷幸夫，燃焼工学・第 3 版，(2002)，p.212，森北出版．
新岡 嵩・ほか 2 名（編著），燃焼現象の基礎，(2001)，p.259，オーム社．
本田尚士（監），環境圏の新しい燃焼工学，(1999)，p.319，p.1173，フジ・テクノシステム．
新井紀男（監），燃焼生成物の発生と抑制技術，(1997)，pp.3-260，テクノシステム．
日本機械学会（編），燃焼工学ハンドブック，(1995)，p.89，日本機械学会/丸善．
大竹一友・藤原俊隆，燃焼工学，(1985)，p.174，コロナ社．
架谷昌信・木村淳一（編），燃焼の基礎と応用，(1986)，p.213，共立出版．
化学工学協会（編），化学工学の進歩 21「燃焼・熱工学」，(1987)，p.113，槇書店．
火力原子力発電技術協会，入門講座「燃料および燃焼」，火力原子力発電，**39** (1988)，422，525，671，781，919，1041，1313，1453；**40** (1989)，61，209．
文部省特定研究「自動車の排気浄化に関する基礎研究」成果編集委員会（編），自動車エンジンの排気浄化―燃料・燃焼・触媒―，(1980)，p.25，p.303，丸善．

[*7] 往復式内燃機関でこれに近いことが起こっていると言われている．

付録 A　主要な物理定数と単位

表 A-1　基礎物理定数

名　称	記号	数　値	単　位	備　考
光　速	c	2.99792458×10^8	m/s	真空中
Plank の定数	h	6.626176×10^{-34}	J/Hz	1.58292×10^{-37} kcal/Hz
Avogadro 定数	N_A	6.022045×10^{23}	mol^{-1}	1 g 分子中の分子数
Faraday 定数	F	9.648456×10^4	C/mol	1 価 1 g イオン
氷点の絶対温度	T_0	273.15	K	1 atm
理想気体の標準体積	V_0	22.41383	m^3/kmol	0°C, 1 atm
一般ガス定数	R	8.31441	J/(K·mol)	1.98622 cal/(K·mol)
Boltzmann 定数	k	1.380662×10^{-23}	J/K	3.29825×10^{-27} kcal/K
Stefan-Boltzmann 定数	σ	5.67032×10^{-8}	J/(m²·s·K)	1.3542×10^{-11} kcal/(m²·s·K)
放射の第一定数	C_1	3.741832×10^{-16}	W·m²	
放射の第二定数	C_2	1.438786×10^{-2}	m·K	
重力加速度	g	9.80665	m/s²	国際標準値
電子の電荷	c	$1.6021892 \times 10^{-19}$	C	
電子の比電荷	e/m_e	1.7588047×10^{11}	C/kg	静止状態
電子の質量	m_e	9.109534×10^{-31}	kg	静止状態
陽子の質量	m_p	$1.6726485 \times 10^{-27}$	kg	静止状態
中性子の質量	m_n	$1.6749543 \times 10^{-27}$	kg	静止状態

* 科学技術データ委員会（CODATA）の 1973 年の勧告値による．

表 A-2　主要元素の原子量*

元素名	元素記号	原子番号	原子量	元素名	元素記号	原子番号	原子量
水素	H	1	1.0079	アルゴン	Ar	18	39.948
ヘリウム	He	2	4.00260	カリウム	K	19	39.0983
リチウム	Li	3	6.941	カルシウム	Ca	20	40.078
炭素	C	6	12.011	バナジウム	V	23	50.9415
窒素	N	7	14.0067	コバルト	Co	27	58.9332
酸素	O	8	15.9994	ニッケル	Ni	28	58.69
ふっ素	F	9	18.99840	臭素	Br	35	79.904
ナトリウム	Na	11	22.98977	ルテニウム	Ru	44	101.07
マグネシウム	Mg	12	24.305	ロジウム	Rh	45	102.9055
アルミニウム	Al	13	26.98154	よう素	I	53	126.9045
けい素	Si	14	28.0855	セシウム	Cs	55	132.9054
りん	P	15	30.97376	バリウム	Ba	56	137.33
硫黄	S	16	32.066	白金	Pt	78	195.08
塩素	Cl	17	35.453	鉛	Pb	82	207.2

* 国際純正および応用化学連合（IUPAC）原子量委員会資料（1973）による．

表 A-3　力換算表

N ($kg \cdot m/s^2$)	dyn ($g \cdot cm/s^2$)	kgf	lbf
1	1×10^5	1.01972×10^{-1}	2.24809×10^{-1}
1×10^{-5}	1	1.01972×10^{-6}	2.24809×10^{-6}
9.80665	9.80665×10^5	1	2.20462
4.44822	4.44822×10^5	4.53592×10^{-1}	1

表 A-4　圧力換算表*

Pa (N/m^2)	bar	kgf/cm^2 (at)	lbf/in^2 (psi)	atm	mmHg (torr)
1	1×10^{-5}	1.01972×10^{-5}	1.45038×10^{-4}	9.86923×10^{-6}	7.50062×10^{-3}
1×10^5	1	1.01972	1.45038×10	9.86923×10^{-1}	7.50062×10^2
9.80665×10^4	9.80665×10^{-1}	1	1.42233×10	9.67841×10^{-1}	7.35559×10^2
6.89476×10^3	6.89476×10^{-2}	7.03072×10^{-2}	1	6.80460×10^{-2}	5.17150×10
1.01325×10^5	1.01325	1.03323	1.46959×10	1	7.60000×10^2
1.33322×10^2	1.33322×10^{-3}	1.35951×10^{-3}	1.93367×10^{-2}	1.31579×10^{-3}	1

* $1 \, mmH_2O = 1.00000 \, kgf/m^2 = 1.00000 \times 10^{-4} \, kgf/cm^2$

表 A-5 エネルギー,仕事,熱量換算表*

J	kW·h	erg	kgf·m	lbf·ft	kcal**	kcal$_{IT}$	BTU	MeV
1	2.77778×10^{-7}	1×10^7	1.01972×10^{-1}	7.37561×10^{-1}	2.38889×10^{-4}	2.3885×10^{-4}	9.47816×10^{-4}	6.24146×10^{12}
3.60000×10^6	1	3.60000×10^{13}	3.67098×10^5	2.65522×10^6	8.59999×10^2	8.5984×10^2	3.41214×10^3	2.24692×10^{19}
1×10^{-7}	2.77778×10^{-14}	1	1.01972×10^{-8}	7.37561×10^{-8}	2.38889×10^{-11}	2.3885×10^{-11}	9.47816×10^{-11}	6.24146×10^5
9.80665	2.72407×10^{-6}	9.80665×10^7	1	7.23300	2.34270×10^{-3}	2.3423×10^{-3}	9.29490×10^{-3}	6.12078×10^{13}
1.35582	3.76617×10^{-7}	1.35582×10^7	1.38256×10^{-1}	1	3.23890×10^{-4}	3.2384×10^{-4}	1.28507×10^{-3}	8.46229×10^{12}
4.18605×10^3	1.16279×10^{-3}	4.18605×10^{10}	4.26858×10^2	3.08747×10^3	1	0.99982	3.96760	2.61271×10^{16}
4.1868×10^3	1.1630×10^{-3}	4.1868×10^{10}	4.2694×10^2	3.0880×10^3	1.00018	1	3.9683	2.6132×10^{16}
1.05506×10^3	2.93071×10^{-4}	1.05506×10^{10}	1.07586×10^2	7.78171×10^2	2.52041×10^{-1}	2.5200×10^{-1}	1	6.58511×10^{15}
1.60219×10^{-13}	4.45053×10^{-20}	1.60219×10^{-6}	1.63379×10^{-14}	1.18171×10^{-13}	3.82746×10^{-17}	3.8268×10^{-17}	1.51858×10^{-16}	1

* 熱化学カロリー:1 cal$_{th}$=4.1840 J
** 計量法カロリー:15°カロリーとも呼ばれ,水1 kgを14.5°Cから15.5°Cまで昇温させるに要する熱量.

表 A-6 粘度換算表

Pa·s	cP	P (g/(cm·s))
1	1×10^3	1×10
1×10^{-3}	1	1×10^{-2}
1×10^{-1}	1×10^2	1

表 A-7 動粘度換算表

m²/s	cSt	St (cm²/s)
1	1×10^6	1×10^4
1×10^{-6}	1	1×10^{-2}
1×10^{-4}	1×10^2	1

付録 B　演習問題の解答

第1章の演習問題

(1) ガソリンエンジンのノッキングはエンドガス（点火栓から離れていて，火炎到達の最も遅い混合気）が火炎到達前に自発着火するために起こる．したがって，燃料の自発着火性が低い程ノック性が低い．一方，高速ディーゼルエンジンのノッキングは着火遅れ期間内に噴射された燃料が一斉に着火するために起こる．したがって，燃料の自発着火性が高い程ノック性が低い．

(2) 石炭は産出後，ほとんど加工することなく供給される．したがって，産地によって燃料比など，燃焼特性に関係する性質が大幅に異なる．一方，石油製品は製油所で工業規格に合わせて加工・調整される工業製品である．したがって，産地を気にする必要はない．

(3) 現在の年間消費量を維持し得ると仮定し，かつ最も楽観的な見方をすれば，石炭類は1600年，石油は240年，天然ガスは450年もつ可能性はある．しかし，この数字には，現在見向きもされていない非在来型の粗悪燃料まで使い尽くすこと，粗悪燃料を多量に消費し尽くした後の環境悪化を考慮から外すこと，エネルギーコストの上昇や人口爆発などの将来問題から目を逸らすこと，など容認し難い仮定が含まれている．それに炭素資源はエネルギー資源としてだけではなく，工業原料としても後代に残しておかなければならない．ただし，これは著者の意見である．

第2章の演習問題

(1) (a) メタノール（液）：$H_l = 19.91$ MJ/kg, $\rho_l = 792$ kg/m³.
　　∴ 単位発熱量当たりの体積
$$V = 1/(\rho_l H_l) = 63.4 \cdot 10^{-6} \text{ m}^3/\text{MJ} = 63.4 \text{ cm}^3/\text{MJ}.$$
　　単位発熱量当たりの質量 $G = 1/H_l = 50.2 \cdot 10^{-3}$ kg/MJ $= 50.2$ g/MJ.
　　n-ヘキサン（液）：$H_l = 44.74$ MJ/kg, $\rho_l = 659$ kg/m³.
　　∴ 単位発熱量当たりの体積
$$V = 1/(\rho_l H_l) = 33.9 \cdot 10^{-6} \text{ m}^3/\text{MJ} = 33.9 \text{ cm}^3/\text{MJ}.$$
　　単位発熱量当たりの質量 $G = 1/H_l = 22.4 \cdot 10^{-3}$ kg/MJ $= 22.4$ g/MJ.
　　したがって，メタノールはn-ヘキサンの $63.4/33.9 = 1.87$ 倍のタンクを必要とし，単位発熱量当たりの質量は $50.2/22.4 = 2.24$ 倍である．

(b) メタノール：　CH_4O ＋　　(3/2)O_2 　＝CO_2＋$2H_2O$
　　　　　　　　32.04 kg　(3/2)×32.00 kg

∴ $O_0 = (3/2) \times 32.00/32.04 = 1.498$ kg/kg fuel,
$A_0 = O_0/0.232 = 6.457$ kg/kg fuel.

n-ヘキサン： C_6H_{14} + $9.5\,O_2$ = $6\,CO_2 + 7\,H_2O$
　　　　　　　86.17 kg　9.5×32.00 kg

∴ $O_0 = 9.5 \times 32.00/86.17 = 3.528$ kg/kg fuel,
$A_0 = O_0/0.232 = 15.21$ kg/kg fuel.

(c) メタノール： $G_w = 1 + A = 1 + \alpha A_0 = 1 + 1.3 \times 6.457 = 9.394$ kg/kg,
$G_w/H_l = 9.394/19.91 = 0.4718$ kg/MJ.

n-ヘキサン： $G_w = 1 + A = 1 + \alpha A_0 = 1 + 1.3 \times 15.21 = 20.77$ kg/kg,
$G_w/H_l = 20.77/44.74 = 0.4643$ kg/MJ.

単位発熱量当たり，ほぼ同量の湿り燃焼ガスが発生する．

(d) メタノール： $\theta_b = H_l/(G_w c_{pm}) + \theta_u$
$= 19.91 \times 10^6/(9.394 \times 1.29 \cdot 10^3) + 25 = 1668°C,$

n-ヘキサン： $\theta_b = H_l/(G_w c_{pm}) + \theta_u$
$= 44.74 \times 10^6/(20.77 \times 1.29 \times 10^3) + 25 = 1695°C$

(e) メタノールは H_l が1/2以下だが，分子内にOを含むため A_0 も1/2以下．
したがって G_w が1/2以下となり，θ_b に大差はなくなる（27°Cの差）．

(2) (a) 式(2.41)より，
$H_h'' = 12.75\{H_2\} + 12.63\{CO\} + 39.72\{CH_4\}$
$= 12.75 \times 0.40 + 12.63 \times 0.25 + 39.72 \times 0.04 = 9.846$ MJ/m^3_N.

式(2.42)より，
$H_l'' = 10.79\{H_2\} + 12.63\{CO\} + 35.79\{CH_4\}$
$= 10.79 \times 0.40 + 12.63 \times 0.25 + 35.79 \times 0.04 = 8.905$ MJ/m^3_N.

(b) 燃料ガス 1 m^3_N 中のカーボン量 m_c'' は，
$m_c'' = 12.011\,[\{CO_2\} + \{CO\} + \{CH_4\}]/22.414$
$= 12.011[0.30 + 0.25 + 0.04]/22.414 = 0.3162$ kg/m^3_N.

(c) 元素の保存則より，グラファイト（$c = 1.00$）1 kg から発生する燃料ガス中のカーボン量は燃焼前の質量（=1 kg）と等しいから，
$V_g' = 1/m_c'' = 3.163$ m^3_N/kg graphite.

(d) グラファイト 1 kg の発熱量 $H_{hc} = 32.76$ MJ/kg.
一方，グラファイト 1 kg から発生する燃料ガスの発熱量
$V_g'\,H_h'' = 3.163 \times 9.846 = 31.14$ MJ/kg graphite.
∴ 損失エネルギー率 $= (H_{hc} - V_g'\,H_h'')/H_{hc}$
$= (32.76 - 31.14)/32.76$
$= 0.0495$（約5％）．

(e) 完全燃焼反応や不完全燃焼反応（第1章の脚注*7）の反応）で発生した燃焼熱を系外にほとんど出すことなく，発生炉ガス反応（第1章の脚注*8）の反応）や水性ガス反応（第1章の脚注*9）の反応）の吸熱反応熱と

して系内にキープしておくため.
(3) (a) 式 (2.18) $V_d' = (a - 0.210)A_0 + (1.87 + 0.93\xi)c$
　　　　　　　　$+ 0.80n + 0.70s$ [m³ₙ/kg] と
　　式 (2.4) $A_0' = 8.89c + 26.5h + 3.33(s - o)$ [m³ₙ/kg] を使う.
　　$a = 3$, $\xi = 0$. 平均分子式 C_nH_{2n} より,
　　$c = 12.01n/(12.01n + 1.008 \times 2n) = 0.8563$,
　　$h = 1.008 \times 2n/(12.01n + 1.008 \times 2n) = 0.1437$.
　　∴ $A_0' = 8.89 \times 0.8563 + 26.5 \times 0.1437 = 11.421$ m³ₙ/kg fuel.
　　　　$V_d' = (3.0 - 0.210) \times 11.421 + 1.87 \times 0.8563 = 33.46$ m³ₙ/kg fuel.
(b) 表 2.4 より, $(O_2) = 0.210(a - 1)A_0'/V_d' = 0.210(a - 1)/(11.421/V_d')$
　　　　　　　　$= 2.398(a - 1)/V_d'$
　　式 (2.18) より, $V_d'(a - 0.210)A_0' + 1.87c$
　　　　　　　　　$= 11.421(a - 0.210) + 1.87 \times 0.8563$
　　∴ $(O_2) = 2.398(a - 1)/V_d' = 2.398(a - 1)/(11.421a - 0.7972)$.
　　題意により $(O_2) = 0.05$.
　　∴ $0.05(11.421a - 0.7972) = 2.398(a - 1)$. したがって, $a = 1.291$
(c) $V_d' = 11.421a - 0.7972 = 11.421 \times 1.291 - 0.7972 = 13.95$ m³ₙ/kg fuel.
(d) $[(NO_x)V_d']_{a=3.0} = [(NO_x)V_d']_{a=1.291}$ より,
　　$(NO_x)_{a=1.291} = 50 \times 33.46/13.95 = 120$ ppm.

第 3 章の演習問題

(1) (a) 出熱中に占める回収前廃熱は $19 + 9 = 28\%$ であった. したがって, 燃焼用空気を予熱することによって回収しなければ, 28% すべての廃熱が失われるところであった. ところで入熱に占める燃料の保有熱（発熱量と考える）は 88% であるが, 廃熱回収が無ければ, これと鋼塊の酸化熱 3% の和 91% が入熱のすべてで, 100% に相当するから, 燃料の発熱量は $88 \times 100/91 = 96.7\%$ となる. したがって, 廃熱回収が無ければ, 燃料の発熱量の $28/96.7 = 29.0\%$ が廃熱として失われるところであった. また, 放熱損失は燃料の発熱量の $19/96.7 = 19.6\%$ となるところであった.
(b) 恐らく, 排気と燃焼用空気の熱交換に通常の熱交換器（レキューペレータ）を用いたため, 温度効率がかなり低かったと考えられる.
(2) (a) 平炉は被加熱物である鋼原料が持ち込む顕熱と酸化熱が入熱のかなり大きな割合を占めるのが特異である.
　　有効熱 $Q_e = $（溶鋼の顕熱）-（鋼原料の顕熱）と考えると,
　　平炉の熱効率：$\eta_t^* = (36.0 - 14.0)/58.0 = 0.379$,
　　すなわち 37.9% である.
(b) 平炉側の"排ガスの顕熱" 27.5% が, 排熱ボイラ側の"平炉排ガスの顕熱" 97.0% に対応するから, 水蒸気の保有熱 37.0% は, 平炉側から見る

と $37.0 \times 27.5/97.0 = 10.5\%$ になる．よって，
システム全体の有効熱 $Q_e = (36.0 - 14.0) + 10.5 = 32.5\%$．
システム全体の熱効率 $\eta_t^* = 32.5/58.0 = 0.560$，
すなわち，37.9% から 56.0% に向上した．

(3) 隔壁式熱交換器（レキューペレータ）や蓄熱式熱交換器（リジェネレータ）には温度効率の限界があり，廃熱に対する回収熱の割合をあまり高く取れない．一方，蓄熱ペアバーナ法では排ガスと燃焼用空気流との周期的切り換えにより，蓄熱体の中で温度波の往復運動を作り出し，極めて高い温度効率を実現している．この原理はスターリングエンジンの蓄熱式熱交換器でも採用されている．また，スイスロール形バーナでは放熱損失を極限まで低減できる構造を採用して，回収熱の割合を高めている．

(4) 炉とは無関係な装置で廃熱回収，もしくは熱のカスケード利用を行う場合の難点は，炉の操業周期と，廃熱を利用する側の運転周期が必ずしも一致しないことである．この場合，両者の周期が一致した時間帯以外では，廃熱は回収されることなく排出される．ところが，設備費や廃熱が利用できない時間帯の燃料代が大きな割合を占め，原価償却がうまく行かなくなる．

第 4 章の演習問題

(1) 火炎厚みに比べて火炎球半径は十分大きいから，火炎球は一次元火炎と見なせる．しかも点対称の性質上，火炎球内部の燃焼ガスは静止しているから，図 4.1 全体に $-S_b$ なる速度を加えて燃焼ガス速度を零にすると，火炎は $-S_b$ なる速度で移動し始めることになり，火炎球半径の増加率は S_b であったことが分かる．ところが一次元火炎に対する連続則から[1]，$S_u \rho_u = S_b \rho_b$．

したがって，
$$S_u = \left(\frac{\rho_b}{\rho_u}\right) S_b = \left(\frac{\rho_b}{\rho_u}\right)\left(\frac{\mathrm{d}r_f}{\mathrm{d}t}\right)$$

シャボン玉を金属製の球形容器に変更した場合，シャボン玉と違って，火炎球の成長とともに圧力が上昇して，燃焼ガスも中心方向に向けて移動するので，$\mathrm{d}r_f/\mathrm{d}t = S_b$ という関係が成り立たなくなり，$\mathrm{d}r_f/\mathrm{d}t$ と S_b の関係が複雑になる．

(2) 通常はデトネーション限界から十分離れた条件で実験が行われるので，考慮する必要はない．

第 5 章の演習問題

(1) $f_n'(d) = u(d) f_n(d)$ なる関係がある．
(2) (a) 前沢の経験式 (5.6) より，$x_f \propto 1/\tan\theta$．
$x_f/(x_f)_{\theta=30} = \tan 30°/\tan\theta = 0.557 \cot\theta$．
$\cot\theta$ は $\theta = 0°$ で ∞，$\theta = 90°$ で 0 の単純減少関数であるが，線図は省略する．
(b) 式 (5.6) より，$x_f \propto m_F'$

(c) 式 (5.6) より, $x_f \propto m'_F/\sqrt{G_t}$　　$G_t = m'_a u_a \propto \sqrt{\Delta p_a} \cdot \sqrt{\Delta p_a} = \Delta p_a$
$G_t \propto m'^2_F$ のとき x_f は一定に保たれるから, $\Delta p_a \propto m'^2_F$ に保たねばならない. ところが, $m'_a \propto \sqrt{\Delta p_a}$ であるから, $m'_a \propto m'_F$.
∴　m'_a は m'_F に比例して変化する.

第6章の演習問題

(1) (a) ガス化剤が酸素と水蒸気の場合の燃料ガス組成：
$\{H_2\}=0.40, \{CO_2\}=0.30, \{CO\}=0.25, \{CH_4\}=0.04, \{N_2\}=0.01$.
燃料ガス $1\,m^3_N$ 当たりのガス化剤中の酸素量 O_0 は,
$$O_0 = \{CO_2\} + 1/2\{CO\} - 1/2\{H_2\} - \{CH_4\}$$
$$= 0.30 + 0.25/2 - 0.40/2 - 0.04 = 0.185\,m^3_N.$$
空気をガス化剤とした場合に追加される窒素量 N_0 は
$$N_0 = (0.790/0.210)\,O_0 = 0.696\,m^3_N.$$
∴　燃料ガス体積は $1\,m^3_N$ から $1+N_0 = 1.696\,m^3_N$ に増加する.
新しい燃料ガス組成を $\{H_2\}'$ 等で表すと,
$\{H_2\}' = 0.40/1.696 = 0.236$, $\{CO_2\}' = 0.30/1.696 = 0.177$,
$\{CO\}' = 0.25/1.696 = 0.147$, $\{CH_4\}' = 0.04/1.696 = 0.024$,
$\{N_2\}' = [\{N_2\} + N_0]/1.696 = 0.416$.
(b) グラファイト $1\,kg$ から発生する燃料ガス量 V'_g は, 第2章の演習問題(2)(c)の $3.163\,m^3_N$ から $3.163\,(1+N_0) = 3.163 \times 1.696 = 5.364\,m^3_N$ に増加する.
顕熱損失の相対差 $= V'_g c_p (700-60)/H_{hC}$
$= 5.364 \times 1.47 \cdot 10^3 (700-60)/(32.76 \cdot 10^6)$
$= 0.154$.　　15.4% の差が出る.

(2) 石炭 $1\,kg$ 当たりの水の量：$m_w = 30/70 = 0.4286\,kg/kg$.
石炭 $1\,kg$ 当たり低発熱量の減少率 $= rm_w/H_{lc} = 2.44 \times 0.4286/22 = 0.0475$.
4.75% 減少する.

第7章の演習問題

(1) $p_1 = 0.1013\,MPa$, $p_2 = 1.9\,MPa$, $(E_{cm})_{p1} = 0.25\,mJ$ であるから,
　　7.1.1項の式 (7.1) より
$(E_{cm})_{p2} = (E_{cm})_{p1}(p_1/p_2)^2 = 0.25\,(0.1013/1.9)^2 = 0.711 \cdot 10^{-3}\,mJ = 0.711\,\mu J$.

(2) 7.1.2項を参照のこと.

(3) 　　CH_4　+　$2\,O_2$　$= CO_2 + 2\,H_2O$　∴　$O_0 = 2 \times 32.00/16.04 = 3.989\,kg$,
$16.04\,kg$　$2 \times 32.00\,kg$　　　　　　　　　　$A_0 = O_0/0.232 = 17.19\,kg$.
$\phi = A_0/A$ より $A = A_0/\phi = 17.19/0.2 = 85.97$.
また, $G_w = 1 + A = 86.97\,kg/kg$.
予熱後の混合気温度を T_u とすると, $T_b = H_l/(G_w c_{pm}) + T_u$

$\therefore T_u = T_b - H_l/(G_w c_{pm}) = 1400 - 50.01 \cdot 10^6/(86.97 \times 1.13 \times 10^3)$
$= 1400 - 508.9 = 891.13$ K.

891 K（618℃）に予熱する必要がある．

第8章の演習問題

(1) 反応式：$C_4H_{10} + 1.2 \times 6.5 O_2 = 4 CO_2 + 5 H_2O + 0.2 \times 6.5 O_2$
これ以外に $1.2 \times 6.5 \times 0.790/0.210 = 29.34$ m³/m³ fuel の N_2 が加わる．
これから，燃料 1 m³$_N$ 当たりの各燃焼ガス成分の体積は，
$CO_2 : 4$ m³$_N$，$H_2O : 5$ m³$_N$，$O_2 : 0.2 \times 6.5 = 1.3$ m³$_N$，$N_2 : 29.34$ m³$_N$．
$\therefore V_d'' = 4 + 1.3 + 29.34 = 34.64$ m³$_N$/m³$_N$ fuel．
$V_w'' = 34.64 + 5 = 39.64$ m³$_N$/m³$_N$ fuel．
全圧 $p = 1.013$ bar としたときの分圧は，$CO_2 : 4 \times 1.013/39.64 = 0.1022$ bar，
$H_2O : 5 \times 1.013/39.64 = 0.1278$ bar，$O_2 : 1.3 \times 1.013/39.64 = 0.0332$ bar，
$N_2 : 29.34 \times 1.013/39.64 = 0.7498$ bar．
乾き燃焼ガスの分圧 $p_d = 0.8852$ bar，
$K_{fNO} = p_{NO}/(p_{N2} \cdot p_{O2})^{1/2} = 7.656 \times 10^{-3}$ より，
$p_{NO} = K_{fNO}(p_{N2} \cdot p_{O2})^{1/2} = 0.007656 \times (0.7498 \times 0.0332)^{1/2} = 0.001208$ bar．
乾き燃焼ガス中の NO の体積分率
(NO) $= p_{NO}/p_d = 0.001208/0.8852 = 0.001365 = 1365$ ppm．

(2) 298.15 K（25℃）において，つぎの2種類の反応を比較する．
完全燃焼反応：$C_4H_{10} + 6.5 O_2 = 4 CO_2 + 5 H_2O$　　(a)　　反応エンタルピー　$\Delta H_{r(a)}$
部分燃焼反応：$C_4H_{10} + 2.5 O_2 = 4 C + 5 H_2O$　　(b)　　反応エンタルピー　$\Delta H_{r(b)}$
$\Delta H_{r(a)} = 4 H^0_{CO2} + 5 H^0_{H2O} - H^0_{C4H10} - 6.5 H^0_{O2}$
$= 4 \times (-393.5) + 5 \times (-241.8) - (-147.5) - 6.5 \times 0.0$
$= -2635.5$ kJ/mol
$\Delta H_{r(b)} = 4 H^0_C + 5 H^0_{H2O} - H^0_{C4H10} - 2.5 H^0_{O2}$
$= 4 \times 0.0 + 5 \times (-241.8) - (-147.5) - 2.5 \times 0.0$
$= -1061.5$ kJ/mol
発熱量 $H_l = -\Delta H_r$ であるから，$|\Delta H_{r(b)}|/|\Delta H_{r(a)}| = 1061.5/2635.5 = 0.403$．
40.3% に減少する．なお，反応式(a)より，処理すべき CO_2 量は燃料量の
$4 \times (12.01 + 16.00 \times 2)/(12.01 \times 4 + 1.008 \times 10) = 3.03$ 倍である．

索 引

あ 行

アーク炉ガス　10,12
アシッドスマット　141
亜炭　3,5
圧力波　19
圧力噴射弁　82
アルコール類　9
亜瀝青炭　5
アレニウスプロット　119
一次元（プラグ流）燃焼器　94
一次燃料　2
一酸化炭素　132
いぶり燃焼　103
引火点　8
ウォールリセス型バーナ　127
浮上がり火炎　122
渦巻き噴射弁　83
上込め燃焼　108
エアレジスタ　124
A重油　7
液化石油ガス　11
液化天然ガス　10
液体燃料　6
エクセルギー　52
エタノール　10
API度　8
エマルジョン燃焼法　136
LNG　10
LPG　11
円管消炎距離　66
遠心力集塵　136
エンドガス　7

エントレインメント　19
オイルサンド　9
オイルシェール　9
OFA　139
オクタン価　7
オーバーエア　139

か 行

加圧流動層燃焼　112
外殻燃焼　98,99
回転体噴霧器　85
外部群燃焼　98,99
外部混合式二流体噴射弁　85
開放ホール噴射弁　83
火炎　1
火炎核　115
火炎伸張　123
火炎帯　61
火炎伝ぱ　15
火炎（伝ぱ）速度　62
火炎の安定化　120
火炎の検知　128
火炎面モデル　15,68
化学的遅れ　92
化学発光　128
化学平衡　14
化学平衡計算　40
化学量論式　13
拡散火炎　68
拡散燃焼　60
拡散律速　107
拡大ゼルドヴィッチ機構　136

注：英訳については，"水谷幸夫：燃焼工学・第3版，(2002)，森北出版"の索引を参照されたい．

索引

確認（可採）埋蔵量　3
可採年　3
ガス化燃焼　112
化石燃料　1
ガソリン　7
活性化温度　119
活性化学種　14
褐炭　5
可燃（濃度）範囲　64
過濃可燃限界濃度　64
過濃燃焼　25
カルロヴィッツ数　123
乾き燃焼ガス質量　26
乾き燃焼ガス体積　26
間欠燃焼　60
乾式脱硫法　141
ガンタイプバーナ　84
貫通距離　90
緩慢酸化　117
緩慢酸化の状態　117
乾留　4
乾溜法　11
輝炎発光　128
気相停止反応　14
気相燃焼反応速度の計算方法　14
気体燃料　10
希薄可燃限界濃度　64
希薄燃焼　25
希薄予混合燃焼　137
揮発分　4
逆火　120
逆火限界速度勾配　120
逆反応　13
共振空洞式超音波噴霧器　86
強制点火　115
強粘結炭　4
空気過剰率　25
空気比　25
空燃比　25
グループ燃焼　92
群燃焼　92

群燃焼数　97
軽油　7
原始埋蔵量　3
元素分析　5
原油　6
原料炭　5
コヴァツネー数　18
光化学スモッグ　131
工業分析　4
合成天然ガス　11
合成燃料油　9
高速気相反応　106
高発熱量　33
高発熱量法　43
後流炎　93
高炉ガス　10,12
コークス　6
コークス炉ガス　10,11,12
固体燃料　2
固体粒子と固体塊の燃焼　104
固定床燃焼　108
固定炭素　4
コモンレール式の噴射装置　90
混合比と混合気濃度の表示法　24
コンバスタ　127

さ　行

サイクロン　136
再結合　40
再循環ガス混入率　137
最小点火エネルギー　116
再付着　122
ザウテル平均粒径　89
サーマルNO_x　136
酸性雨　141
酸性ばい塵　141
残留質量分率　88
C重油　7
ジェット数　82
GM率　137
シェールオイル　6,9

索 引 157

COM 113
自然発火 73
下込め燃焼 108
CWS 113
湿式脱硫法 141
湿 分 4
質量分布図 87
質量メディアン直径 89
質量累積分布図 87
自動ホール噴射弁 83
自発着火 92,115
湿り燃焼ガス質量 26
湿り燃焼ガス体積 26
弱粘結炭 4
自由噴流拡散火炎 69,70
重 油 7
出 熱 44
循環流動層燃焼 112
純炭発熱量 4
準定常燃焼期間 93
順反応 13
消炎現象 65
衝突式噴霧器 86
蒸発型燃焼器 77
蒸発速度定数 94
蒸発燃焼 77,103
蒸留曲線 9
しわ状層流火炎 18,66
伸張吹消え 123
振動面微粒化式超音波噴霧器 86
真発熱量 33
シンプレックスタイプ 84
水蒸気改質法 11
水蒸気噴射 137
スイスロール形バーナ 57
水素化分解法 11
水素転換反応 11
(推定)可採埋蔵量 3
水 分 4
水溶性ガス 10
推 力 81,90

す す 134
スタビライザ 124
スロットバーナ法 62
スロットル噴射弁 83
スワール 18
スワール数 19,124
スワール弁 83
青炎バーナ 77
静電式噴霧器 87
製油所オフガス 10,12
石 炭 3
石炭-油混合燃料 113
石炭液化油 9
石炭系ガス 10
石炭転換ガス 10,11
石炭-水スラリー 113
石炭流体化燃焼 113
石炭流体化燃料 113
石炭類 3
石炭類の分析と分類 3
石炭類の埋蔵量と埋蔵状態 3
石油ガス 10
石油系ガス 10
石油系燃料 6
石油系燃料の性質 8
石油コークス 6
石油蒸気 10
石油製品 6
石油転換ガス 10,12
石油の埋蔵量と埋蔵状態 8
セタン価 7
石灰・石膏法 141
接触ガス化法 12
遷移点 71
旋 回 18
旋回器 124
旋回度 90
全周炎 93
洗浄集塵 136
全水分 4
選択的火炎伝ぱ 97

158　索引

総括活性化エネルギー　15
総括反応式　13
総括反応次数　15
草炭　3
総発熱量　33
層流拡散火炎の構造　68
層流燃焼　60
層流燃焼速度　62
層流予混合火炎　61
層流予混合燃焼　61
粗ガソリン　6
素反応　13

た 行

第一ダンケラー数　17
ダイオキシン　142
対向噴流　128
対向噴流拡散火炎　69
対向流拡散火炎　69
第三体　13
多孔ホール噴射弁　83
立消え　107
タールサンド　9
ダンケラー数　17
単孔ホール噴射弁　83
単純噴孔噴射弁　82
炭素/水素比　8
ターンダウン比　81
単滴　92
単滴燃焼　98,99
断熱火炎温度　35
断熱燃焼温度　35
断熱平衡燃焼温度　40
断熱理論燃焼温度　35,39
蓄熱ペアバーナ法　55
窒素酸化物　136
着火　117
着火遅れ　92,115,119
着火遅れ期間　93
着火温度　119
中カロリーガス化　11

超音波噴霧器　86
通気性固体隔壁法　54
toe　10
低温腐食　141
低カロリーガス化　11
低空気比燃焼　51
低速気相反応　106
泥炭　3
低 NO_x 燃焼技術　137
低発熱量　33
低発熱量法　43
ディレードコークス　6
デトネーション　19,73
デトネーション誘導距離　74
デュアルオリフィスタイプ　84
デュープレックスタイプ　84
デューロンの経験式　33
点火　115
転換率　138
電気集塵　136
天然ガス　10
天然ガスの種類　10
天然ガスの埋蔵量と埋蔵状態　10
転炉ガス　10,12
同軸噴流拡散火炎　70
同軸流拡散火炎　69
灯芯燃焼　79
到着水分　4
動粘度　9
灯油　7
当量比　25
都市ガス　10,12
トーチ点火　115

な 行

内部群燃焼　98,99
内部混合式二流体噴射弁　85
ナフサ　6
二次燃料　2,6
二段燃焼　137,138
入熱　43

索　引

二流体噴射弁　84
熱解離　13,39
熱勘定　43
熱勘定図　43
熱勘定表　43
熱効率　46
熱再循環燃焼法　56
熱損失　42
熱のカスケード利用　53
熱爆発　117
熱面点火　115
熱量原単位　46
燃空比　25
粘結性　4
燃　焼　1
燃焼温度の計算　35
燃焼限界火炎温度　65
燃焼効率　42
燃焼速度　62
燃焼速度定数　94
燃焼に必要な酸素量と空気量　21
燃焼波のデトネーションへの遷移　74
燃焼負荷率　72,108
燃焼率　69
粘　度　9
燃　料　1
燃料改質燃焼　112
燃料炭　5
燃料の発熱量の計算　33
燃料比　4
濃淡燃焼　137
ノッキング　7,73
ノック性　7

は　行

排煙脱硝　139
排煙脱硫　141
バイオマス　1
排気再循環　137
排気中未燃分　42
ばい塵　134

灰　分　4
爆　発　72,115
爆発限界圧力　117
バグフィルター　136
80％噴霧角　90
発熱量　33
バーナタイル　126
バーナ燃焼　60
半乾式脱硫法　141
半内部混合式二流体噴射弁　85
反応帯　61
反応の凍結　132
反応律速　107
火移り速度　108
PAH　131,135
PAN　131
火格子燃焼　104,108
火格子燃焼率　108
非在来型石油資源　9
PCB　143
B重油　7
比　重　8
非断熱燃焼温度　38
ビチューメン　6,9
非定常燃焼期間　93
非粘結炭　4
火花点火　115
微粉炭燃焼　104,110
標準乾き空気　22
表面停止反応　14
表面燃焼　103,105
表面燃焼反応速度　16
表面燃焼反応のメカニズム　16
非予混合火炎　68
非予混合燃焼　60
微粒化　80
微粒化特性　81
ピントル噴射弁　83
不完全燃焼損失　42
吹飛び　121
吹飛び限界速度勾配　121

副生燃料ガス　12
付着水分　4
物理的遅れ　92
部分酸化法　11
部分予混合燃焼　60,72
フューエル N　138
フューエル NO_x　138
フューズ点火　115
プラズマ点火　115
フラッシュバック　120
フルードコークス　6
フレームトラップ　66
フレームレット　66
プロンプト NO_x　137
分解燃焼　103,104
分散度　90
分散反応領域火炎　18
噴射弁　81
噴射率　90
ブンゼンバーナ法　63
分布度　90
噴霧円錐角　90
噴霧器　81
噴霧中での火炎の伝ぱ　95
噴霧特性の表示法　87
噴霧燃焼　80
噴霧の着火遅れ　119
噴流拡散火炎　70
分溜性状　9
噴流レイノルズ数　82
平均粒径　89
平板消炎距離　66
変換率　138
保炎　120,123
保炎器　124
ポットバーナ　78
ボーメ度　8
ホール弁　82

ま 行

水乳化燃焼法　136

水噴射　137
未燃炭化水素　132,133
無煙炭　5
無炎領域　66
霧化　80
メタノール　9
メディアン直径　89
燃えがら中未燃分　42
戻り油式　84
戻り油式渦巻き噴射弁　84

や 行

誘引　19
有効エネルギー　52
有効水素　33
有効熱量　46
油滴グループ燃焼　97
油滴群燃焼　80,97
油滴集合燃焼　80
油滴の粒度分布　87
油滴分散範囲　90
油滴流束分布　90
油滴列　92
容器内燃焼　60
予混合気　15
予混合燃焼　60
予混合噴霧　96
予蒸発・予混合触媒燃焼方式ガスタービン
　燃焼器　77
予熱帯　61
予燃焼室　127

ら 行

乱流拡散火炎の構造　69
乱流燃焼　60
乱流予混合燃焼　66
粒径メディアン直径　89
粒子状物質　134,135
粒数分布図　87
粒数累積分布図　87
流動床燃焼　111

流動層燃焼	80, 104, 111	連鎖移動反応	14
流動点	8	連鎖創始反応	14
量論空気量	22	連鎖担体	14
量論空燃比	25	連鎖反応	14
量論係数	15	連鎖分枝爆発	117, 118
量論酸素量	21	連鎖分枝反応	14
量論燃空比	25	連続燃焼	60
理論空気量	22	練炭	6
理論空燃比	25	ろ過集塵	136
理論酸素量	21	ロジン-ラムラーの分布関数	88
理論湿り燃焼ガス質量	26	ロータリーアトマイザー	85
理論湿り燃焼ガス体積	26	ロータリーバーナ	86
理論燃空比	25	炉内脱硝	139
冷炎	119	炉内脱硫	81, 112, 141
レイノルズ数	18		
瀝青炭	5	**わ 行**	
レーザ点火	115	Yジェット式噴射弁	85

著　者　略　歴
水谷　幸夫（みずたに・ゆきお）
　1957 年 3 月　大阪大学工学部機械工学科卒業
　1964 年 3 月　大阪大学大学院工学研究科博士課程
　　　　　　　　（機械工学専攻）修了
　　　　　　　　同時に工学博士の学位を取得
　1964 年 4 月　大阪大学助手（工学部機械工学科）に就任
　1964 年 10 月　大阪大学助教授（工学部機械工学科）に昇任
　1974 年 10 月　大阪大学教授（工学部機械工学科）に昇任
　1996 年 3 月　大阪大学を退官，大阪大学名誉教授
　1996 年 4 月　近畿大学教授（理工学部機械工学科）に就任
　2003 年 3 月　近畿大学を定年退職
　2012 年　　　逝去
　　　　　　　　専　攻：熱工学，燃焼，内燃機関

燃焼工学入門
　―省エネルギーと環境保全のための―　　　　　　Ⓒ 水谷幸夫　2003
2003 年 1 月 15 日　第 1 版第 1 刷発行　　　　【本書の無断転載を禁ず】
2021 年 3 月 10 日　第 1 版第 6 刷発行

著　　者　水谷幸夫
発 行 者　森北博巳
発 行 所　森北出版株式会社
　　　　　東京都千代田区富士見 1-4-11（〒102-0071）
　　　　　電話 03-3265-8341／FAX 03-3264-8709
　　　　　https://www.morikita.co.jp/
　　　　　自然科学書協会・工学書協会　会員
　　　　　JCOPY＜(一社)出版者著作権管理機構　委託出版物＞

落丁・乱丁本はお取替えいたします　　印刷／モリモト印刷・製本／ブックアート

Printed in Japan／ISBN978-4-627-67051-8

図書案内　森北出版

内燃機関 第3版

田坂英紀／著

菊判　・　192頁　　定価（本体 2500円＋税）　　ISBN978-4-627-60533-6

エンジンを通して内燃機関を学ぶ入門テキスト．エンジンの構造，しくみを，例題を交えながら，わかりやすい図を使って説明する．既習であることが前提となる熱力学や伝熱工学の基礎についても説明があるので，復習しながら学ぶことができる．

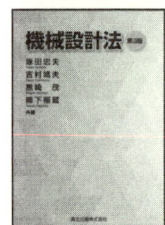

機械設計法 第3版

塚田忠夫・吉村靖夫・黒崎茂・柳下福蔵／著

菊判　・　224頁　　定価（本体 2600円＋税）　　ISBN978-4-627-60573-2

機械設計の基本事項を中心に，初心者向きに平易にまとめた格好のテキスト・入門書．軸受，ボルトなどの機械要素の機能や使い方を理解することで，使用目的にもっとも適した機械要素を選択できる力が身につく．改訂では単位系やJISの改訂への対応に加え，演習問題の解答に詳細な解説を設けた．

幾何公差
―設計に活かす「加工」「計測」の視点

株式会社プラーナー／編

菊判　・　192頁　　定価（本体 2400円＋税）　　ISBN978-4-627-61431-4

設計者だけでなく，設計意図が込められた図面を受け取る『加工』『計測』部門のエンジニアにもおすすめの一冊．幾何公差の意味と表記方法はもちろん，汎用の計測器や3次元測定機を用いてそれぞれの公差を測定する方法についても丁寧に紹介している．

基礎から学べる機械力学

伊藤勝悦／著

菊判　・　160頁　　定価（本体 2200円＋税）　　ISBN978-4-627-65041-1

初学者向けのテキストを多数執筆してきた著者による入門書．ベクトル表記を用いず，また数式展開も紙面の許すかぎり丁寧に書きくだすことで，数学が苦手な読者でも読み通せるよう配慮した．機械力学の学びはじめに最適な一冊．

定価は2016年1月現在のものです．現在の定価等は弊社Webサイトをご覧下さい．

http://www.morikita.co.jp

図　書　案　内　　森北出版

計測工学入門 第3版

中村邦雄・石垣武夫・冨井薫／著
菊判 ・ 224頁　　定価（本体 2600円 +税）　　ISBN978-4-627-66293-3

幅広い分野で必要になる計測手法について，その原理と実用で注意すべき部分に重点をおいて解説．基本的かつ必須の項目に絞っているので，初学者にはもちろん，計測機器の原理集として，既習者にも有用な一冊．今回の改訂では，現在の潮流に合わせて内容を全面的に見直した．

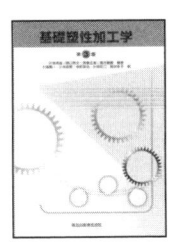

基礎塑性加工学 第3版

川並高雄・関口秀夫・齊藤正美・廣井徹麿／著
菊判 ・ 224頁　　定価（本体 2600円 +税）　　ISBN978-4-627-66313-8

プレス機械をはじめとする塑性加工を，学生・初学者に向けてわかりやすく解説したテキスト．塑性変形の現象をつかみ，加工の考え方を学んだうえで，塑性力学の理論につなげている．各章の冒頭に学習目標を，本文内に多数のミニコラムをそれぞれ掲載し，読者の理解を支える構成となっている．

初心者のための機械製図 第4版

藤本元・御牧拓郎／監修　植松育三・髙谷芳明／著
B5判 ・ 224頁　　定価（本体 2500円 +税）　　ISBN978-4-627-66434-0

学びやすさから好評を得ているテキストの改訂版．改訂では，歯車，ボルト・ナットなど最近のJIS改正に対応した．図中に吹き出しでポイントが明示され，図から視覚的に理解できる．また，正しい描き方とともに間違いやすい描き方が例示されているので，深く理解できるよう工夫されている．

基礎から学ぶ材料力学 第2版

臺丸谷政志・小林秀敏／著
菊判 ・ 224頁　　定価（本体 2600円 +税）　　ISBN978-4-627-66512-5

基礎事項から始めて例題で理解を深め，多数の演習問題を解くことで考え方が身につく，初学者に最適な一冊．静定問題，不静定問題，歪み，座屈，組合せ応力，モールの円と，基礎的な事項が網羅されている．単位や工業材料定数の載った付録付き．

定価は2016年1月現在のものです．現在の定価等は弊社Webサイトをご覧下さい．
http://www.morikita.co.jp